心灵圣经丛书

启迪亿万青少年的人生故事

自信是一把斧头

刘东伟 著

暨南大学出版社
JINAN UNIVERSITY PRESS

中国·广州

图书在版编目（CIP）数据

自信是一把斧头/刘东伟著 . —广州：暨南大学出版社，2014.8
（心灵圣经丛书）
ISBN 978 - 7 - 5668 - 1067 - 0

Ⅰ.①自…　Ⅱ.①刘…　Ⅲ.①自信心—通俗读物
Ⅳ.①B848.4 - 49

中国版本图书馆 CIP 数据核字（2014）第 141741 号

出版发行：暨南大学出版社

地　　址：中国广州暨南大学
电　　话：总编室（8620）85221601
　　　　　营销部（8620）85225284　85228291　85228292（邮购）
传　　真：（8620）85221583（办公室）　85223774（营销部）
邮　　编：510630
网　　址：http：//www.jnupress.com　http：//press.jnu.edu.cn

排　　版：广州市天河星辰文化发展部照排中心
印　　刷：深圳市新联美术印刷有限公司

开　　本：880mm×1230mm　1/32
印　　张：6.25
字　　数：160 千
版　　次：2014 年 8 月第 1 版
印　　次：2014 年 8 月第 1 次

定　　价：19.80 元

（暨大版图书如有印装质量问题，请与出版社总编室联系调换）

自　序

青少年朋友们，你们是否因为遭受挫折而倍感沮丧？是否因为经历失败而心生绝望？如果你们难以排遣这种心绪，那么，请放松下来，深呼吸三次，然后慢慢打开此书，去阅读那一个个能触动你心灵的故事。

没有谁的人生是一帆风顺的，在人的成长过程中，尤其青少年，总会遇到一次又一次的困难和挫折，凡是走向成功的总是那些永不放弃、从不言败的人，是那些懂得真情且能被真情感动的人。

无论是读报、看电视，还是上网，总能发现一些青少年自暴自弃的现象。事实上，他们都能够重新站起来，甚至比身边的人"站"得更高。为什么他们中的一些遭遇挫折后会一蹶不振？为什么他们经历失败后便从此沉寂无声？因为他们缺乏坚强的信念！因为他们缺乏顽强的意志！因为他们缺乏亲情的力量！

面对挫折，你是选择迎难而上，还是选择退缩？

选择退缩，消极地沉浸在挫折中，你势必很快被风浪淹没，而积极地迎难而上，与困难斗争，迎来的便是美好的天空。

巴尔扎克在自己的手杖上写着："我能战胜一切挫折。"正是这种坚强的信念，才使巴尔扎克成为举世闻名的大文豪。在巨大的不幸面前，曹雪芹倾注满腔心血，写出了不朽的名著

《红楼梦》；在巨大的挫折面前，奥斯特洛夫斯基用手摸索着，完成了《钢铁是怎样炼成的》。还有海伦·凯勒，她是在黑暗中、在无声的世界里学会了写字，学会了生存，然后才写成了《假如给我三天光明》。面对挫折，他们选择了坚强，选择了追求，也就选择了成功。

生命的意义在于顽强不息、永不放弃，在于不断地追求，攀登更高的山峰。当我们落在他人身后，目睹他人的成功后就放弃了拼搏，那么，我们只会和成功者的距离越来越远。

本书精选了近几年作者最具有代表性的原创作品，或者鼓舞斗志，或者触动心灵，或者启迪人生，希望这套"心灵圣经"丛书能够抵达读者的灵魂深处，化作读者精神的力量，去点燃成功的薪火，照亮人生之路。

刘东伟
2014 年 5 月于山东乐陵

目录 CONTENTS

1

第三辑　启迪篇——看清自己的弱点

第四辑　机会篇——靠左边上楼

第五辑　　心灵篇——推开心灵的窗

第一辑　智慧篇
——让脑筋绕个弯儿

人的智慧掌握着三把钥匙：一把开启教学，一把开启字母，一把开启音符。知识、思想、幻想就在其中。

——雨果（作家）

人生三碗水

　　山中住着一位智者。一天，来了三位少年，他们都想学得人生的智慧。

　　智者笑着说："从这里到山左、山右和山后的村庄的距离差不多，你们去向农户讨一碗水，谁回来最快，并且碗中水最多，我就收下谁。"

　　于是，三个少年出发了。大约两个时辰后，三人几乎同时回来了。智者看看三人的碗，一个少年的碗里装着满满的水，一个少年的碗里只有半碗，而一个少年的碗里是空的。

　　智者望着取来满满一碗水的少年说："你的碗里不是农家的水，是附近的泉水。"

　　那个少年见智者的目光仿佛洞彻了他的内心，只好实话实说，承认是自己取巧了。智者摇摇头说，欺骗不是智慧。

　　然后智者指着拿着空碗的少年说："你是不是中途摔了一跤，把水都洒了？"那个少年点点头说："是的，都怪我太心急了，幸亏牢牢抓着碗，碗才没有摔破。"智者摇摇头说："急于

成功的人，往往反而不会成功。"

最后，智者对端着半碗水的少年说："只有你很聪明，你知道即使装满了水，这一路上也会洒掉许多，所以，你只向农户讨了半碗水，给碗留一些余地，也就等于给自己留一些余地，我很欣赏你这种方式。"

那个少年叹服地说："是的，我碗里的水确实不是一路洒掉才剩下这么多的，那么，您是不是可以收我为徒了呢?"

智者微笑着说："既然你这么聪明，就不必拜我为师了。"

手中的空篮子

| 感 悟 |

　　聪明的人不会贪图眼前的利益，而是考虑到长远的人生发展。从另一个角度看，只有篮子是空的，才能在今后的日子里，盛放更多的财富。

　　某银行公开向社会招聘一名金库管理员。经过初试的残酷角逐，A、B、C、D、E　5名青年进入了面试环节。主考官看5名青年的资料都相当出色，他有些难以割舍，但又必须做出选择。于是，他让人取来5个同样的竹篮，对5名青年说："你们都很优秀，最后却只能有一个人留下来。在你们面前，有5个金库，我已经按A、B、C、D、E编排了号码，在我宣布结果之前，你们拿着竹篮，去把它们装满吧。"

　　5名青年提着竹篮进了金库。金库里都放了许多成捆的钞票和耀眼的金条。过了一会儿，E青年是第一个出来的，他的篮子是空的。又过了一会儿，其他4位也出来了，他们的篮子也是空的，却都漏了底。原来这四位直到把篮子装得不能再装，才准备提着篮子出来，谁想，篮子却因无法承受金条的重量而坏掉了。

　　主考官对他们说："想必不用我宣布，你们也知道结果了。"A、B、C、D　4位青年都惭愧地低下头。主考官望着E

青年手中的空篮问:"你是想到篮子会承受不住金条的重量,才没有装吗?"

E青年说:"不是,那样想的话,我会少装一些。我想的是,如果我是金库管理员,不该拿的东西,我是一点也不会拿的。"

主考官赞叹地点点头:"说得很对,你被录取了。"

放低三十公分

┤**感悟**├

　　待人接物，谦恭不只是一种姿态的外部表现，更是一种素养的内在提炼。"海纳百川，有容乃大"，说的就是这个道理。

　　在华盛顿的威斯康星大街上，新开了一家金融营业所，负责人诺基是金融专业的大学毕业生。

　　开张后，诺基从规范业务操作开始，严抓强管，然后又购置了一套新的椅子，放在窗口外的大厅里，让顾客可坐等业务办理。谁知，投入很多，效果却不大，一晃三个月过去了，营业所的业务没有多少提升。诺基很纳闷，他找不到自己的不足之处在哪里。一天，诺基拦住一位刚办理完业务的老者，客气地向他请教："老人家，能否借一步说话？"老者说："有什么事你就说吧。"诺基先将自己的业务管理情况大概说了一遍，再问老者哪里有什么不妥的地方。老者在大厅里转了一圈，指着窗口下的椅子说："把它们放低三十公分吧。"

　　诺基听从了老者的建议，将外面的椅子都放低了三十公分。果然，之后营业所的业务越来越多，到了年底，诺基被评为"十佳金融管理人"。

第一辑　智慧篇——让脑筋绕个弯儿

一天，诺基又见到了那个老者，便向他询问其中的奥妙。老者指着那些椅子说："原先，营业人员和窗外的顾客对话时，营业人员往往要抬着眼皮，给人一种'翻白眼'的错觉，从而影响了服务质量。放低了外面的椅子，从内向外就基本达到了平视，这样，顾客会感到很亲切。你不要小看这三十公分的高度，里面大有学问呢！"

把苹果放在高处

┤ 感悟 ├

　　到底什么样的高度才算高？以前曾听人描述过
"远"，说用目光来衡量的话，"眼睛"是最远的，
因为任何东西，无论它在近处，还是远处，都是眼
睛看到的，只有眼睛才能证明它的存在。那么，高
度是否也可以用"头顶"来衡量？无论你爬多高，
怎能高过自己的头顶。

　　深山里住着一位智者。智者有两个弟子，两人随师学艺三
年，小成。

　　这天下午，智者对两弟子说："我剩下的日子不多了，在此
之前，须从你们之中选择一人，倾囊相授。这样吧，我有两个
苹果，你们一人拿一个，日落之前，谁把苹果放得最高，谁就
留下来。而另一个，明天一早，就下山去吧。"

　　大弟子接过苹果，转身就跑。他爬上身后的岩石，刚想把
苹果放在上面，抬头就看到了苹果树，忙跳下来，爬到树上。
当他要把苹果放在树上时，又抬头看到了身后的山。于是，他
向后山跑去。太阳快落山的时候，大弟子拖着疲惫的身子，呼
哧呼哧地回来了，他指着身后的山峰说："老师，我把苹果放在
了山顶上。"说完，大弟子得意地看一眼站在智者身边的二

　　谁知，智者摇摇头说："你输了。" 大弟子诧异地说："不可能，看师弟的样子，他似乎根本就没有上山，他能把苹果放多高呢?"

　　智者指着自己的头顶说："他把苹果放在了这里。"

人生的苹果

| 感 悟 |

　　很多时候，我们会被"困难"吓倒，其实，人生中有许多位于高处的果实，你只要提提脚就可以轻易得到。

　　那天，我陪同领导一起去人才招聘会，报考我们单位的共有三十多个人，其中一个叫何兵的青年吸引了我的注意力。何兵外貌俊朗，身材高大，领导看到他时，也是两眼一亮。在接下来的理论考试中，何兵表现突出，与一位叫沈水的身材矮小的青年顺利进入了复试环节。

　　复试的题目很怪。领导说："给你们10分钟的时间，你们分别进入一间屋子，屋子里放着一些苹果，谁能在规定的时间内把苹果全找出来，谁就是胜出者。"领导有意无意地看看何兵，又说："记住，人生无处不存在果实，如果不用心，是不会成功的。"

　　接下来，何兵和沈水提着篮子进入了各自的房间。出于对何兵的关注，我随后进入了他的房间。何兵的房间只有30平方米，靠墙放着高低不等的几排架子，中间堆着一些箱子。接下来，他仔细地查找每一个箱子，果然在箱子的里面、下面和后面都发现了苹果。搜完箱子，他便开始搜索架子。

11

第一辑　智慧篇——让脑筋绕个弯儿

何兵一层层地搜着，花瓶里、书盒里，10 分钟内，他已把架子检查了两遍，然后非常自信地走了出来。此时，身材矮小的沈水也出来了。数过之后，何兵的篮子里是 10 个苹果，而沈水的篮子里是 11 个苹果。

领导举起沈水的手，宣布了复试结果，何兵被淘汰了。

"不会吧，我都检查过了。"何兵觉得不可思议，向领导提出异议。我也莫名其妙，领导怎么能凭找到苹果的多少论输赢呢？事实上，我认为何兵已经把房间里的苹果全找了出来。领导带着我们打开何兵的房子，径直走到一个最高的架子前，一提脚，从上面取下一个苹果。何兵惊叫了一声，原来，他疏忽了架子的上面。我也暗叫一声惭愧。

领导叹息着对何兵说，正因为你有身高的优势，所以才忽略了高处，这是自信带来的弊病，而你的竞争对手正因为先天的不足，所以更加仔细地检查了每一个可能存放苹果的地方。

一楼的梯子

　　有一次，法国雕塑家罗丹听说一座新落成的大楼要雕刻人像，于是前往洽谈。那天，参加洽谈的还有另外一位雕塑家卡尔。

　　大楼负责人对罗丹和卡尔说："雕像需要放在三楼的楼梯口，等下你们随我去看看现场。"由于一楼的楼梯口正在装修，负责人搬来一架梯子，竖在一楼和二楼之间。顺着梯子，三人爬到二楼的阳台。负责人指着堆满货物的二楼楼梯说："现在，你们可以比试一下了，谁先获得三楼现场的图样，我就决定和谁合作。"

　　他的话刚说完，罗丹就向楼梯冲去。他很自信，因为他的反应比卡尔快了一步。他在货物的缝隙中穿梭着，越来越困难。等他费了九牛二虎之力登上三楼，发现三楼楼梯的图样已经被卡尔取走。他不得不沮丧地回到了二楼。

　　负责人对罗丹说："对不起，你慢了一步。"罗丹问："他根本就没有爬楼梯，是怎么取走图样的呢？"

　　负责人说："卡尔比你冷静，他发现楼梯很难穿行，便把一楼的梯子提了上来，竖在了二楼和三楼之间。"

13

第一辑——智慧篇——让脑筋绕个弯儿

不比别人矮一头

罗慕洛自小便是个善于言说的人，但他由于身材矮小，常常惹来他人的嘲笑和歧视。为此，罗慕洛很自卑，他不敢到公众场合去，甚至连逛街也不敢。

一天早上，罗慕洛该去上学了，但是，他依然躺在床上不动。父亲走了过来，说："孩子，要迟到了，你为什么还不去学校？"罗慕洛说："学校今天放假。"父亲看出儿子在撒谎，便问："那你的放假通知书呢？拿出来我看看。"罗慕洛拿不出通知书，只好说："是这样的，今天学校里有一项活动，我怕同学们看不起我，所以不想去。"父亲说："孩子，其实每个人都有自己的缺憾，有缺憾并不可怕，可怕的是故意去掩盖它。去吧，大胆地面对同学们，面对公众的眼睛，昂起头做人。"父亲的话激励了罗慕洛，他爬了起来，快速地洗了把脸，背上书包，昂首挺胸地去了学校。

学生们穿着统一的校服，如果不是身材特别高，或者特别矮，又或者特别胖，是不会引人注目的。罗慕洛就属于这种身材特殊的学生，因此，他一出现，便引来无数的目光。尽管罗慕洛有了心理准备，但还是有些受不了。他分明从那些人的目光中读出了歧视，读到了嘲笑。泪水突然涌出了眼眶，罗慕洛低下头，谁也不敢看。

　　活动结束，罗慕洛第一个跑出了学校。回到家里，他趴在床上痛哭起来。父亲听到动静，走了过来，拍着罗慕洛的背说："孩子，是不是受委屈了？"罗慕洛点点头，仍然痛哭不止。父亲叹息一声，说："想要做一个坚强的人太难了，所以古往今来，只有极少数人能做出一番事业，我们往往不是输在自己的缺憾上，而是输在别人的歧视中。"罗慕洛转过头来，哭道："父亲，我知道你希望我坚强起来，可是，我做不到，我一看到那些歧视的目光，就想找个地缝钻进去。"父亲说："你的心情我完全理解，可是你知道不知道，任何缺憾都是可以弥补的。"罗慕洛说："我能弥补吗？我天生就是个矮子。"父亲说："那就要看你自己了，如果你能找到一把梯子，那么，你不但可以弥补自己的身高，而且还可以成为一个出类拔萃的巨人。当然，我说的梯子是带引号的，什么时候你有了它，你就会变得高大起来。"

　　父亲的话对罗慕洛影响很大，他在想，是啊，自己为什么不找一把梯子？可是，自己的梯子在哪里？突然，罗慕洛明白了那个引号的意思。父亲说得对，每个人都有自己的缺憾，缺憾完全可以用"梯子"弥补，只要自己能成为某方面优异的人才，那么就能站得比任何人都高。想通了这一点，罗慕洛之后便寻找自己的特长。他发现自己口才较好，因此着重锻炼自己的舌辩能力。闲暇时，他翻阅了大量的书籍，吸取了各方面的知识。

第一辑　智慧篇——让脑筋绕个弯儿

　　有一次，罗慕洛参加学校组织的演讲比赛，他是最后一个上台的。当他精神焕发地走上主席台时，却发现前面的桌子几乎比自己的头顶还高。原来，组委会有位同学本和他一同参加了初选，却被口才出众的他淘汰了，那位同学妒恨在心，故意准备了一张高桌子。

　　台下哄笑声一片，显然，罗慕洛还没开始演说，便输了别人一头。谁知，就在哄笑声中，只见罗慕洛转身走向主席台的一角，扛了一把梯子过来，然后踏着梯子爬上了桌子。

　　台下顿时鸦雀无声，老师和同学们都瞪大了眼睛。罗慕洛站在桌子上，口若悬河地演讲起来。他卓然傲立的姿态和精彩的演说震撼了所有人，台下发出阵阵雷鸣般的掌声。

　　后来，罗慕洛凭借自己在演说和思辨等方面的超群能力，成为菲律宾的外长，代表国家一次又一次出现在国际政治舞台上。

把困难当成垫脚石

不要怕遭遇困难，困难就像一块块石头，只要将它们踩在脚下，你就会摘到人生的果实。

山上住着一位德高望重的大师。有一天，来了两个少年向他求教。大师喜欢清净，因此对收徒一事向来很严，他见两少年态度十分诚恳，便往下面一指，说："山坡上有一棵果树，你们一不许爬树，二不许摇树，三不许用杆子打，谁能把果子摘下来，我就收谁为徒。"

两少年顺着大师的手望去，见山坡上果然有一棵果树。去山坡上有两条路，左边的路非常平坦，走过去相对容易，右边的路崎岖不平，走起来则相对难得多。

大师说："你们俩谁先来？""我来吧。"说完，甲少年飞身顺着左边平坦的路跑了下去。很快，甲少年来到了树下，可是，他伸手试了试，最低的果子离自己也有半人高，即使跳起来也够不到。大师说过，一不许爬树，二不许摇树，三不许用杆子打，怎么办？甲少年原地跳了几次，又跑动着跳了几次，直到折腾出了一身汗，最终只能两手空空地返回。

大师看看乙少年。乙少年躬身抱抱拳，说："请大师静

候。"说完，乙少年也向山坡上跑去，不过，乙少年选择的是右边的路。来到果树附近时，乙少年搬起脚下的石头，抱到树下，然后又来回搬了几块。很快，石头垫到了半人多高，乙少年踩了上去，轻松地摘了一个果子回来。

甲少年呆呆地说："大师，这……这不算的，他取巧。""不，这不是取巧，而是人生的道理，平坦的路虽然好走，却往往不会成功；坎坷的路虽然难走，却有助于摘到成功的果实。"说着，大师朝乙少年说："你留下吧。"

从此，乙少年跟随大师学艺，他学习认真，不怕吃苦，只用了五年时间就成为一个博学多才的人。走上社会后，乙少年虽然屡屡遭遇困难，但是，没有困难能把他难倒，相反，他越走越顺，最终成为一位优秀的企业家。

弯腰捡起一块铁

┤感悟├

　　其实，人生就是这样的，有"放下"，才有"捡起"。面子就像阻挡在你脚下的一块石头，避开了，回头可能还要遇上，只有弯腰捡起来，远远地扔在一边，才不会再阻挡你走路。因此有些人一生只不过辛苦创业了几年，或者十几年，后来的日子都在甜蜜富裕中度过。而有的人，却因为始终丢不下面子，弯不下腰，懒得捡起脚下的"铁"，所以一生都活在贫苦苍白之中。

　　不久前，我的一位朋友下岗了，找了3个月的工作，还没有着落。我劝他做点小生意，哪怕是摆地摊，也能糊口。等有了资本后，再图大业。朋友很要面子，认为自己是大学生，大街上人来人往，让熟人见了会抬不起头来。我便给他讲了下面的故事。

　　有一次，苏格拉底和他的学生在路上遇到一块铁头。苏格拉底让他的学生捡起来，学生懒得弯腰，觉得在路上捡一块废铁太失他的身份，便说："太费事了吧，先生。"苏格拉底笑了笑，自己上前弯腰捡了起来。

　　到了一个镇上，苏格拉底找一家铁匠铺把铁头卖了，拿换

来的钱买了 18 个水果，揣在衣兜里。师徒二人继续往前走，走到一个沙漠里，沙漠中空气干燥，又荒无人烟。不久，学生口渴了，想向苏格拉底讨一个水果，又羞于开口。走了一会儿，苏格拉底故意丢落一个水果，学生俯身捡了，以为老师不知，暗自庆幸，几口便吃进肚里，只觉这是有生以来吃到的最甜美的水果。

走了不久，学生又渴了，苏格拉底又丢落了一个水果。这样，当两人走出沙漠时，苏格拉底共丢落了 18 个水果，学生都一一捡起来吃了。当学生很得意地向老师说起这事时，苏格拉底意味深长地说："如果你当初舍得弯一次腰，捡起那块铁头，在沙漠里就不用连续弯 18 次腰了……"

苏格拉底为什么舍得弯下他的腰？因为他知道，当时只要弯一次腰，之后就省去了很多弯腰的必要。

让脑筋绕个弯儿

| 感悟 |

　　人生常常会遇到一些障碍，其实，无论是一段路，还是一座城，穿越虽然艰难，绕过去却相对容易。

　　苏格拉底是古希腊伟大的哲学家，柏拉图曾跟随他学习了8年。但柏拉图一开始对自己的老师并不信服。

　　一天，苏格拉底带着柏拉图去探访一位朋友，走到一条乡间道路上时，柏拉图见有不少马车载着货物朝前走，便对苏格拉底说："我们比一下脚程如何？"苏格拉底微微一笑，说："好的。"

　　"那我们穿过前面的城镇后会合，谁先到达，谁就是胜者。"说着，柏拉图就向前奔去。

　　柏拉图喜爱活动，体壮如牛。可路越往前越难行，有好几次，柏拉图撞在了马车上，他不得不慢了下来。进了城镇，柏拉图暗暗着急，因为前面是个集市，街道两边摆满了货物，中间是拥挤的车辆和人流。再往前走，竟有满满的一车货物严实地堵在路上。柏拉图费力地穿越城镇后发现，原来，苏格拉底早已气定神闲地站在会合点了。

　　柏拉图气喘吁吁地问："您怎么这么快就到了？"

　　苏格拉底指指另一条道路，又指指自己的脑袋，见柏拉图仍一脸茫然，便说："很简单，当我看到路上有很多载着货物的马车时，我并没有像你一样，急于前奔，而是动了脑子。我猜想前面的城镇肯定有集市，那么，拥挤自不必说，所以，我便从岔路上绕了过来。"

　　于是，柏拉图恭恭敬敬地喊了声"老师"，自此才算真正服了苏格拉底。柏拉图从此谦逊学习，最终成为古希腊最伟大的哲学家和教育家之一。

最后一个位子

　　牛顿在金格斯中学读书时，学校里每隔一段时间，就组织一场趣味活动。心灵手巧的牛顿，每次都能靠自己制作的风筝等玩具，在活动中夺得第一名。

　　老师常常在班里夸奖牛顿，说他是个善于开动脑筋的孩子，希望同学们都向他学习。而牛顿的同学们却组成了"敌对"阵营，处处和他竞争。有一次，老师要选一名品德优秀的学生代表，参加教育部门领导的接见，让同学们八点准时到达会场等候选举。

　　八点整，同学们"呼啦"一下，冲进了会场，而牛顿被他们挤在最后。等牛顿进入会场时，除了靠门边的一个位子，前面已经全坐满了。牛顿没有坐，他静静地站在椅子前。

　　过了一会儿，老师来了，见牛顿一直站着，就问："你为什么不坐下？"

　　牛顿把椅子搬到前面，说："这是最后一个位子，老师，您

23

请坐。"

老师眼睛一亮，马上宣布，由牛顿出任代表，这让其他同学都愣了。

老师说："原因很简单，做事应该竞争，但是，做人需要谦让。"

坐在台下的主持人

　　美国一家综艺电视台的"智慧屋"栏目，公开招聘主持人，招聘广告发出去一周，通过电子邮件、网络留言、电话、手机短信等方式的报名者已达三百余人。

　　晚会上，大多应聘者都积极响应导演的安排，或弹或拉，或跳或唱，充分展示自己的才艺，而其中有一位青年，坐在台下的一角，像是对这样的展示无动于衷。这位青年叫克顿，华盛顿大学的毕业生。

　　导演走过来问："小伙子，你怎么不上台展示？"克顿说："我坐在这里一动不动，照样也可以主持节目。"导演说："这样吧，我找两个人下来，如果你不直接问本人，又能知道他们的名字，就算你有些本事。"说着，他朝台上一位男士和一位姑娘招招手。克顿等他们来到面前，便指着男士问那个姑娘："你知道他叫什么名字吗？"姑娘说："他叫杰诺。"青年又指着姑娘问男士："你知道她叫什么名字吗？"男士说："她叫黛娜丝。"

克顿面向导演，笑着说:"还有其他的考题吗?"导演指着舞台上的展示者们大声说:"如果他们不肯下来，你有什么方法让他们下来?"

台上的人知道导演在给克顿出难题，都坐了下来。克顿微微沉思，对导演说:"我想了一个办法。"导演问:"什么办法?"克顿说:"如果你不怕损失，我想把舞台翻过来。"导演说:"没关系，你就翻吧，损失是我的。"克顿点点头说:"好的，但我缺少一块布，我要像魔术师那样，先把舞台蒙起来。"导演说:"不用去别处找，我这里就有，你看到舞台一角的地毯了吗?它的大小和舞台差不多，本是用来保护舞台的，晚会开始前才卷了起来。"

导演让工作人员把地毯铺开。由于地毯的大小和舞台差不多，所以滚地毯时，台上的人无处落脚，只好一个个先走到台下等候。

等他们都走下来，克顿冲导演一笑:"导演，他们都下台了，还有其他的考题吗?"导演愣了愣，恍然大悟，不禁为青年的聪明而折服。

第二辑 自信篇

——跨越心中的障碍

只有满怀自信的人，才能在任何地方都怀有自信，沉浸在生活中，并认识自己的意志。

——高尔基（作家）

活出自我

> 活出自我，需要下定决心，需要有不甘于流俗的勇气。只有活出自我，才会挣脱出别人的影子，从而更好地展现自己的人生。

迈克尔·道格拉斯的父亲柯克·道格拉斯是美国好莱坞的巨星。由于受到父亲的影响，迈克尔从小就喜欢表演，并立志成为像父亲一样的电影巨星，然而，就像其他成功人士一样，迈克尔的人生之路也并不平坦。

一开始，他面对的是同龄人的不信任。

一天，老师讲完了课，见时间充足，便与学生们聊起了人生和未来。当问到迈克尔将来有什么打算时，迈克尔不假思索地说："我要当电影巨星。"他话刚说完，教室里便安静了下来。迈克尔向四下里看看，只见同学们都向他投以不信任的目光。迈克尔说："怎么，难道你们认为我不会成功吗？"一名同学说："不，恰恰相反，我们认为你一定会成功，但是，那又有什么意义呢？"迈克尔忽地站了起来，说："你知道你在说什么吗？"那位同学说："当然知道，相信其他同学也肯定知道。"同学们纷纷点头。迈克尔大声说："可是我不知道，你的话到底什么意思?"那位同学阴阳怪气地说:"这很好理解啊,谁不知道你父亲就是好莱坞巨星,有他这样的老子罩着,你不成功才怪。"迈克尔蓦地一惊。他没有想到,同学们会这样想。

"不会的,你们放心,我一定会凭着自己的努力成功的。"迈克尔攥着拳头说:"你们等着瞧吧,我是我,我父亲是我父亲,请你们再也不要把他和我联系起来。"

同学们见他神情激动,都不敢再说话。

之后,迈克尔一有时间,就潜心揣摩表演,日复一日,年复一年,他的表演水平不断提升。

但是,接下来,迈克尔又面对一些专家对其表演水平的质疑。

尽管迈克尔具有了一定的表演能力,但是,那些专家们在讨论他时,总不免与他的父亲联系起来,这样一来,就产生了一种落差。曾经有一段时间,迈克尔走遍了好莱坞的影视公司,没有人肯聘用他。

怎么办?难道自己真的离开父亲就不能成功了吗?

一天晚上,父亲将迈克尔叫到身边,说:"孩子,从明天开始,你到我的电影公司里来吧。"迈克尔固执地说:"不,我不会去的。"父亲说:"爸知道你的心思,其实,很多巨星都是被人举荐才成功的,你不肯来我的公司也可以,爸推荐你去一个朋友的公司吧。"迈克尔坚定地摇着头,说:"爸,我不会依靠你的,否则,我宁愿离开电影界。"说着,迈克尔扭头进了自己的房间。

之后,迈克尔继续在各大影视公司间寻求机会。一次,一位熟知他父亲的电影商看到了他,欣喜地说:"你是迈克尔吧,好孩子,我听说你很有志气,想像你老子那样有名望,肯不肯到我的公司里来?我这里恰好有一个角色。"迈克尔一听,高兴地说:"太好了。"电影商将他带到公司里,递给他一个剧本,说:"你回去揣摩一下里面的男主角,我有意让你演,报酬按市场标准,当然了,看在你父亲的面上,我会适当上调一点,半个月后来试镜吧。"

迈克尔带着剧本回了家。他用了两个小时将剧本看完,又用了一天的时间把角色揣摩透。他发现,剧中的男主角简直就是父亲的影子。他摇摇头,拿着剧本去了公司,对电影商说:"对不起,这样的角色我不接。"电影商诧异地问:"为什么?"他说:"因为这简直就是给我父亲定制的角色。"电影商笑着说:"你说的很对,剧本中的男主角就是为你父亲量身打造的,可惜,你父亲无意出演,因此,我才想起了你。"迈克尔摆摆手:"不,我不会出演的。"电影商见他说得坚决,禁不住愣了。迈克尔接着说:"因为我不想活在父亲的影子下,我要活出自我。"说完,迈克尔就走了。

接下来,迈克尔并不急于寻找演出机会,而是努力揣摩自己的特点,如何让人一看到他就能区别于父亲。他每天把自己关在屋子里,要么揣摩电影里的人物,要么对着镜子一遍遍地练眼神、表情和肢体语言。

功夫不负有心人,终于,一个与他父亲有着本质不同的巨星问世了。1975年,迈克尔接拍了《飞越疯人院》,并一举成功,他做到了"自我"的最佳表现,再也没有人将他和他父亲联系在一起。1988年,迈克尔凭借《华尔街》一片,获得了第60届奥斯卡最佳男演员奖和金球奖剧情片最佳男主角奖。2004年,迈克尔获得了金球奖终身成就奖,2009年,他又获得了美国电影学会终身成就奖。

做最优秀的

| 感 悟 |

　　做最优秀的！美国电影导演史蒂芬·斯皮尔伯格给了自己一个目标，而且是一般人想也不敢想的目标。但是，他想了，并且做到了。可见，世上的事，不怕做不到，就怕想不到。

　　1947 年 12 月 18 日，史蒂芬出生于俄亥俄州的一个犹太家庭里，他的父亲是一位电机工程师，母亲是一位钢琴家。按照父亲的设想是要把史蒂芬培养成比自己更出色的工程师，因此，在史蒂芬很小的时候，父亲就对儿子进行科技理论的灌输。那时候，史蒂芬由于年龄小，根本就对科技不感兴趣，或者觉得一些科技名词太过生硬，不肯用心去学。不过，父亲也并不期望他一下子就能悟到科技领域的高深知识，而是让其死记硬背。

　　除了科技，父亲在闲暇时，还喜欢给儿子讲故事。这一点史蒂芬倒很喜欢。父亲的故事大多来自于电影，因此，史蒂芬从小脑子里就装满了英雄的形象，从那时起，他的电影梦便开始了。

　　史蒂芬看的第一部电影是《戏王之王》，这一年，史蒂芬才 5 岁。电影给史蒂芬的视觉冲击很大，这更加坚定了他要走电影之路的信心。之后，史蒂芬经常一个人钻进电影院，电影仿佛成了他的第二生命，只有坐在银幕前，他才能找到乐趣，找到精神上的依托。十几岁时，史蒂芬便开始了他的电影制作生涯。他的第一部作品近似于现在的广告片，只有短短的三分半钟。不过，由于他对西部的描写和影片中透露出来的少年纯真的心，此片获得了一个儿童级别的摄影奖章。16岁时，史蒂芬又创作了一部作品，这部作品相当于现在的大片，是一部科幻电影。这些小打小闹，虽然并不能将史蒂芬推到天才电影人的位子上，却也表明了他对电影的爱好和他利用有限的材料制作电影的能力。

　　中学毕业时，史蒂芬一心要考进电影学院。然而，电影学院的大门对他是关闭的。尽管史蒂芬央求学院负责人把自己收下，学院也没有为他破例。一位负责招考的老师冷酷地说："你的成绩太差，根本达不到学院招生的标准。"史蒂芬说："可是我喜欢电影，我有过制作电影的经验。"说着，史蒂芬递上自己的简历。负责人看了一眼，说："学校不是招工，而是招生，你拿份简历来干什么？何况，谁也能制作几部烂片，你走吧。"史蒂芬气愤地说："请记住，你会为今天拒绝我而后悔的。"负责人淡淡地说："从你的成绩看，你也不会成为优秀的电影人。"史蒂芬攥了攥拳头，说："那好，咱们走着瞧，总有一天，我会成为最优秀的电影人。"

　　随后，史蒂芬进入加州一学院的分校就读，专攻英文。只要一空闲下来，他就投入到电影创作中。当劳累了想放松自己时，他就会想起自己的誓言，然后督促自己再次投入紧张的电影制作中。在大学里，他一共拍了三部片子，其中第三部影片为他赢得了威尼斯影展奖。同时，他还吸引了环球电视部负责人的目光，双方签订了七年合约。从此，史蒂芬的导演人生正

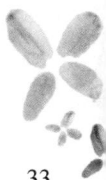

式起步了。

虽然签订了合约，但一开始，环球公司对他的信任度并不高，甚至不敢将电影交给他。而史蒂芬不停地为自己游说，并积极争取机会。在拿到导演机会后，史蒂芬总是以他的视角进入拍摄，而他的先锋思想却令其他人跟不上。于是，公司趁他休假的时候，用其他人替换了他。

不过，史蒂芬毕竟要成为电影史上最优秀的人之一。回到公司，他找到负责人，将合约拍在他的办公桌上，说："既然签了约，就该给我点事干，我即便是一个被你拴在柱子上的牢犯，也不能饿死吧？"公司负责人只好让他重新回到导演位置上，并任他自由发挥。

1971年，史蒂芬负责的一部电影《飞轮喋血》获得成功。随即，由他创作的电影《横冲直撞大逃亡》也非常叫座。接下来，史蒂芬导演的作品《大白鲨》一举囊括最佳剪接、音效与原著剧本三项奥斯卡奖。此时的史蒂芬已成为票房最高的导演之一。

之后，史蒂芬又陆续拍摄了《第三类接触》、《外星人》、《侏罗纪公园》等震撼全球的大片。其中《侏罗纪公园》创下了电影史上全球票房最高纪录。

史蒂芬做到了，他的确成为电影界最优秀的人，在全球十大卖座的影片中，他的作品便占了一半。

展现你的"王者之风"

━━┃感 悟┃━━

在人生的路上，你只要拥有一股驾驭一切的"王者之风"，哪怕是再高的山，也总会被你踏在脚下。

1949 年 6 月 22 日，梅丽尔·斯特里普出生于美国新泽西州的一个小镇上。

梅丽尔虽然是个女孩子，但从小她就有一种极强的表现欲，在和伙伴们做游戏时，往往都是由她分配角色。一次，她与几个伙伴模仿一个战争场面，梅丽尔像一个指挥千军万马的女将军，站在台阶上，一手掐腰，一手在空中挥动。伙伴们在她的指挥下来往跑动，这时，一个路人走了过来，看到梅丽尔后眼前一亮，这个虽然外表并不算漂亮的女孩子，身上却有一种说不出的气质。路人向她招了招手，说："小姑娘，你下来一下。"梅丽尔走到路人面前，问道："叔叔，有什么事吗？"路人问："你喜欢表演吗？也就是说当电影明星，喜欢吗？"梅丽尔想了想说："喜欢，我喜欢。"路人笑了笑说："那么你就记着今天的话，长大了一定要进戏剧界，记住了吗？"梅丽尔点点头，说："记住了。"

这个路人是一个剧作家，他原本正为几天来没有发现一个戏剧天才而苦恼，却被梅丽尔给深深地震撼了。梅丽尔虽然年纪尚小，但剧作家相信，只要她走上这条道，迟早会成名的。

果然，梅丽尔记住了路人的话。中学时，她进入了瓦萨的一个音乐班，主攻戏剧。学校组织的各种活动，她积极报名参加，并均有出色表现。几年后，梅丽尔进入耶鲁大学戏剧学院，继续学习戏剧。

1977 年，梅丽尔参演第一部电影《朱丽娅》，虽然她在影片中只充当了一个小角色，但是，梅丽尔很满足，因为她知道这是自己演艺生涯的开始，也相信自己会在这条路上越走越远的。

1978 年，梅丽尔接演了电影《猎鹿人》，扮演了一个饱受战争摧残的妇女。为了将角色演好，她认真地揣摩剧本，甚至接触一些生活在社会下层的妇女，以了解她们的心理，对生活的渴求，以及内心中的苦恼等。由于在该剧中的出色表演，梅丽尔获得了奥斯卡最佳女配角奖提名。这项荣誉不但是对她演艺水平的认可，也吸引了更多导演关注的目光。

1979 年，梅丽尔连续出演了影片《乔·泰南的引诱》、《曼哈顿》、《克莱默夫妇》，均收获了成功，她本人也获得了纽约影评协会的最佳女演员奖，而《克莱默夫妇》一片又为她捧来了奥斯卡最佳女配角奖。

之后，她出演的《法国中尉的女人》、《苏菲的选择》两部影片获得了巨大成功，让其两次获得奥斯卡最佳女主角奖。之后，梅丽尔的优秀作品接连不断，像《西尔克伍德》、《走出非洲》、《黑暗中的呐喊》、《寄自边缘的明信片》、《英华世家》、《狂野之河》、《廊桥遗梦》、《前因后果》等。走上电影之路 20 多年，梅丽尔先后荣获 10 次最佳女主角提名，两次最佳女配角提名，是当之无愧的影坛"王者"。

走出心理的暗影

┤感 悟├

　　心理阴影就像一个泥潭，一旦陷入其中，就会随之沉没。因此，无论面对多大的压力，都不要悲观失望，而要昂起头来，面向朝阳，脚踏实地地活好每一天。

　　达斯习·霍夫曼从小就喜欢表演，高中毕业后，他进入洛杉矶音乐学院，毕业后又前往纽约，在一家表演培训所学习。

　　在培训所里，几乎所有的同学都不看好霍夫曼，因为他相貌平平，而且身高只有1.6米多点。像他这样相貌毫不出众的青年，想在电影界出人头地是何等困难。当时，他所在的这家演员培训班在纽约很有名，并与许多大电影公司有着录用往来。

　　几年来，好莱坞的一些著名电影公司陆续从培训班挖走了不少学员，而没有一家公司看中霍夫曼。一晃霍夫曼成了这家培训班的老学员，新来的学员表面上喊他一声大哥，背后却向他投以鄙视的目光。在其他的行业，新学员一般是很尊重老学员的，因为老学员有技术，经验多。而在电影公司，老学员往往代表着没有突出的演技，是无人问津的剩余产物。

　　渐渐地，霍夫曼心理出现了问题，他焦虑、抑郁、失眠，

他甚至用一些残忍的方式折磨自己。他恨自己无能，对自己的前途绝望了。不久，霍夫曼就患了病，医生说他有轻度精神分裂症。霍夫曼出生在一个中产家庭，家里收入相对稳定，要不然，他根本无法支付学习费用。出院之后，霍夫曼的家人向他发出了最后通牒，如果他再不放弃电影梦，家里将不再支付他的学习及一切生活费用。

这段时间，霍夫曼陷入了沉思之中。他在想自己的未来，到底自己能不能在电影这条道路上成功。后来，一个路人启发了他。那时，霍夫曼正坐在街头自言自语，一个路人听到了他的梦想，说了一句："想做明星就去闯，天天坐在这里，不但当不了明星，还会把自己折磨出病的。"路人的话如一记闷棍，既敲疼了他，又使他清醒过来：是啊，如果我每天这么坐着，一辈子也不能成功的。

想到这，霍夫曼不再胡思乱想，毅然决定了自己未来要走的路。虽然，霍夫曼从此失去了家人的支持，但是，他的决心更大了。没有了经济基础，霍夫曼便找到一家饭店，当了一名洗盘工。

下了班，他便去电影公司寻找演出机会。终于，机会来了，话剧《第五匹之行》正在四处招兵买马，他有幸在其中出演了一个角色。由于对表演艺术的热爱，他认真投入演出，深深打动了坐在台下的大导演尼科尔斯，从此，霍夫曼正式步入电影界。

1967年，由霍夫曼出演的《毕业生》，充分展示了他不凡的演技，使他获得了奥斯卡金像奖最佳男主角的提名。之后，他的片约不断，《午夜牛郎》、《约翰与玛莉》、《小巨人》等等，成绩斐然。1988年，由霍夫曼出演的电影《雨人》，获得了巨大成功，并为其迎来了奥斯卡最佳男主角的"小金人"。

把自己打败

| 感 悟 |

　　人的一生中，需要面对许多对手，然而，最大的对手往往是自己。如果不能清醒地看到自己的缺点，并且忍受住常人不能忍受的痛苦，那么，你就无法成为一个真正的胜利者。

　　1962 年 11 月 11 日，黛米·摩尔出生于新墨西哥州，从小她就四处流浪，品尝了生活的艰辛。

　　身材非常好的黛米，梦想当一位电影明星，然而，她有一个致命的生理缺憾，那就是她的眼睛，黛米是"内斜视"眼。眼睛是心灵的窗户，很多电影明星都是靠眼睛传神。她自己清楚，如果不矫正眼睛，她是无法实现梦想的。

　　15 岁时，黛米做过一次手术。医生将她眼睛两边的肌肉做了调整，并告诫她要注意经常放松眼睛，并保持一定的休息时间，避免眼疲劳。在医生的嘱托下，她进行了半年的训练。训练时，她捂住一只眼，让另一只眼向外看，几十秒后，她又捂上另一只眼，向外看。如此交替着，每天都要做上十几遍。经过一段时间的锻炼，她的眼疾终于治愈了。不久，黛米去了欧洲寻求发展。

　　在欧洲，她一开始想进入电影界。但是，对于从未受过系

统表演学习的她来说，这条路简直比登天还难。几个月后，朋友对黛米说："你身材不错，要不先在模特界发展吧。"为了生计，她只好先进入模特界。

从此，黛米一边参加模特公司的商业演出，一边积极寻求在电影界的出路。1979年的一天，机会终于来了，一位电影制片人看中了身材出色的她，问她有没有进入电影界发展的意思，她欣喜地说："太好了，这是我梦寐以求的一条路呢。"

1980年，黛米参演了《综合医院》一剧，1981年，她又先后参演了《选择》、《寄生虫》两剧。但是，由于在三剧中，她都不是重要角色，因此，她也并没有引起大的重视。

1983年，一次大的机会来临了。《圣艾莫之火》的制片人找到她，并答应让她出演第一女主角。黛米非常开心，但是，当时的她，由于误吸了毒品，染上了毒瘾。导演非常生气，找到她说："为什么会这样，我让你出演吸毒者，并非让你自己成为吸毒者，如果这样，我的影片岂不遭观众唾骂？我给你两个月的时间，要么彻底戒掉毒瘾，要么离开剧组。"

制片人的话对她来说是一个沉重的打击。她不想放弃这次演女主角的机会，但是戒毒又是何等困难。她沉默了一会儿，咬咬牙对制片人说："您放心吧，我一定会戒掉毒瘾的。"

接下来的两个月，黛米觉得简直比两年还难熬。每天毒瘾上来后，她就觉得自己如万蚁钻心般难受。她把自己锁在屋子里，除了医生外，谁也不见。一天、两天、三天……

那段日子，简直没有了黑夜和白昼之分，她忍受着一波又一波难以描述的痛苦滋味，终于，两个月过去了。她走了出来，深长地吸了一口气，然后望着初升的太阳笑了。

黛米胜利了。与其说她战胜了毒瘾，倒不如说她战胜了自己。

制片人简直不相信黛米能够光彩照人地站在自己面前，他高兴地说："黛米，我相信你，你会成为一个出色的演员的。"

　　《圣艾莫之火》让黛米获得了成功。当然，更大的成功来自于 1990 年她出演的《人鬼情未了》，这部影片，让她成为好莱坞片酬最高的女星之一。

把劣势变成优势

> 每个人都有自己的优势和劣势，只要你能避开自己的劣势，充分发挥自己的优势，那么，你也有可能成为一颗璀璨的明星。

"我个子太高，总是没有合适的衣服。"这是美国好莱坞著名影星乌玛·瑟曼曾经的烦恼。当然，随着她的成名，再也没有人认为她太"高"了。

乌玛·瑟曼长到 16 岁时，身高已经超过 1.8 米了。太不协调的身材比例使她成为同学们嘲笑的对象。当然，同学们之所以将其视为"眼中钉"，不单单因为她的身材过高，还因为她的父亲信奉佛教。佛教虽然在中国、印度等一些国家倍受尊崇，但在乌玛·瑟曼的家乡这个基督教盛行的小镇上仅此一家信奉，他们一家当然不会受到礼遇，尽管她的家庭颇有名望，父亲是哥伦比亚大学的教授。因此，"独树一帜"的乌玛·瑟曼在同学眼中成了"丑陋"的一景。

每天出门，乌玛·瑟曼面对的是嘲弄和歧视，听到的是辱骂的声音，她终于待不下去了，于是只身去了纽约。

来到纽约的第二天，母亲便给她打电话，因为她不放心女儿一个人在外闯荡。乌玛·瑟曼说："妈妈，你就不要挂心了，我会照顾自己的。"母亲说:"我知道你的性格,妈妈不放心也没用,可是你想过没有,在纽约你如何生存?"纽约是大都市,生活消费不比她家乡的小镇。乌玛·瑟曼说:"我会努力的,再大的苦我也不怕。"

乌玛·瑟曼在纽约的街头失魂落魄地游荡了几天。一天晚上,她面对镜子中自己修长的身材,忍不住一声长叹。这时,服务员走了进来,问:"小姐,您叹息什么?"乌玛·瑟曼说:"难道你不觉得我长得太高了吗?"服务员说:"高好啊,我要是你早就去打篮球了。"乌玛·瑟曼心中一动,是啊,篮球明星哪一个不是高个子呢。可是,她并不喜欢篮球,下意识中,她觉得自己似乎还有一条道走。就在她沉思的时候,服务员突然说:"要不你去当模特啊。"一句话提醒了乌玛·瑟曼。是啊,为什么我不去当模特呢?但是,她又隐隐觉得,模特并不是她心中要走的那条路。

不过,乌玛·瑟曼还是去应聘当了模特,而且她的母亲本身就是一位模特。母亲在家训练时,她耳濡目染,也掌握了一些技巧。因此,面试很成功,她被留用了。

不过很快,乌玛·瑟曼便离开了 T 型台。是的,她已经找到了自己心中那条路。在走 T 型台的间隙,她经常去剧院看电影,渐渐地,她已经迷恋上那块银幕。于是,她开始频频走进电影公司。

1988 年,她终于获得了出演《好人约翰尼》的机会。随后,她又出演了《终极天将》、《危险关系》等影片。在影片中,她极力突出自己修长的身材,大打苗条路线,居然闯出了自己的特色品牌。不久,随着《黑色追缉令》的成功上映,乌玛·瑟曼也成为观众熟悉的女影星之一。凭借此片,她获得了奥斯卡奖提名。

另 一 条 路

| 感 悟 |

后来，有人问他为什么失去了右手，还要继续坚持射击训练？他说，原因很简单，因为还有左手。

卡乐里·塔卡克斯原本是一名士官，由于枪法出色，被选入国家射击队接受训练。不幸的是，1938 年，在一次行动中，卡乐里被击废了右手。士兵们当时都吓坏了，七手八脚赶紧把他送进医院。卡乐里非常开朗，他哈哈大笑，根本没把手上的伤当回事。就在手术之前，他还和士兵们谈笑风生。

然而，手术后，当医生告诉卡乐里，他的右手已不能再握枪时，这位已经 28 岁的汉子流下了眼泪。卡乐里是条硬汉，他不怕受伤，却惧怕从此告别射击生涯。接下来，卡乐里的心情越来越糟，他常常没来由地大喊大骂，有时，甚至将病房里的摆设踢得乱七八糟。

一天，院长在查房时，看到一名护士站在 12 号病房外，来回徘徊着，就过去问："你在干什么？" 护士指着病房说："我不敢进去。" 院长看了看门边的病号卡，知道里面住的就是因失去右手而性情大变的卡乐里。院长接过护士手中的注射针剂，走了进去。

坐在床上的卡乐里，满头乱发，正背对着门口。他听到动静，高声喝道，谁也别进来。当他听到来人不但没有出去，反而越来越近了，就再次大喝："滚开！"

院长走到他身边说："卡乐里，我是院长。"

听说来人是院长，卡乐里冷静了些，他转过头来看着院长，问："你找我干什么？"

"该注射了。"院长指指手中的药剂，轻轻地说。

"不，不要给我注射。"卡乐里痛苦地说。

"我知道你想回到训练场，其实，你还有希望，因为上帝给你留了一条路。"院长微笑着望着卡乐里。

"你说什么？我还能参加比赛吗？"卡乐里一脸欣喜，但随即唇角又是一阵苦笑。

"是的，"院长点点头说，"把药剂接过去，我再告诉你。"

卡乐里伸出左手，将药剂拿了过来。院长望着他的左手，微微一笑，说："明白了吗？"说完，院长走了出去，对站在门口的护士说："可以给他注射了。"

卡乐里看着自己的左手如梦方醒。正如院长所说，上帝给他留了一条路，只要坚持走下去，这条路同样可以通往冠军领奖台。想通了这一点，卡乐里心头的阴云被拨开了。护士端着药剂小心翼翼地走到卡乐里面前，她半侧着身子，一旦发现卡乐里有异常的行为，就马上保护好药剂。但是，卡乐里与一刻钟前完全像换了一个人似的，他目光温和，面带微笑，有些歉意地说："刚才实在对不起，请为我注射吧。"护士这才舒了口气，笑着说："卡乐里先生，我们院长给你开了副什么药？你能告诉我吗？"卡乐里也笑着说："我会的，但不是现在，而是不久的将来，请在赛场上看我的表现吧。"

出院后，卡乐里开始练习用左手握枪。十年之后，卡乐里出现在了第14届伦敦奥运会赛场上并勇夺手枪速射冠军。4年之后，在第15届奥运会上，卡乐里再次站在手枪速射的冠军领奖台上。

一只眼睛的奥运冠军

> ┤ 感 悟 ├
>
> 很多时候，我们输掉的不是身体，而是自信。
> 当你朝着一个目标走下去时，真正把你送到终点
> 的，不仅是你的身体，更是自信。对成功而言，自
> 信比什么都重要。

那天，匈牙利国家游泳队的教练，到布达佩斯游泳馆选拔人才。上午八时，馆长将所有学员集合在了一起，然后分为三组，进行演练。

教练发现了一个少年，他游得并不快，在前 200 米，处在最后一名。但是，他的速度非常均衡，经过半程之后，始终未减，而其他学员在迅速地游了一程后，开始慢下来。到了 350 米，他赶了上来，很快，他和其他学员之间的距离逐渐拉开，并将这一优势一直保持到终点。

教练对他很感兴趣，于是问馆长："这个少年叫什么名字？"馆长说："他叫塔马斯·达尔尼。"教练说："他很有潜力，我要了。"馆长张张口，欲言又止。教练问："怎么，你舍不得？"馆长摇摇头，说："那倒不是，我是怕你知道详情后会嫌弃他，因为达尔尼的左眼完全失明了，虽然现在他在泳池里表现不凡，但是，我担心日后遇到更优秀的选手，他会失去竞争力。"教练一听就呆了，然后望着达尔尼在泳池边走动的身

影，叹息一声。

一个左眼失明的少年，会有前途吗？教练对达尔尼的希望破灭了，不敢冒这个险。于是，他的目光从达尔尼身上移开，望着另一组选手。

等所有学员的演练结束，馆长问教练看中了哪一个。教练摇头说："没有适合的。"

说着，教练转身就想离开，突然听到有人说："慢着。"馆长回头一看，说话的人是达尔尼。教练看看他的左眼，问："你还有什么话说？"达尔尼说："也许你已经知道，我的左眼全盲了。"教练叹道："是啊，正因为此，我才为今天之行感到遗憾，如果你的眼睛不是有缺憾，我就准备把你带走的。"达尔尼说："如果你放弃我，你的遗憾更大。"

达尔尼的话让教练心中一动，教练看看这个只有十五六岁的少年，笑了，说："我非常欣赏你的性格。"达尔尼说："但我不欣赏你的作风，我知道你心中其实很矛盾，你既不忍心放弃我，又担心我不会有大的发展空间，是不是？"

教练的确有此顾虑，他望着达尔尼，这个少年给他一种说不出的感觉。教练沉吟着，说："不错，我是这样想的。"达尔尼说："我虽然盲了一只眼，但我想，取得奥运会冠军，只需一只眼就够了。"

望着达尔尼那张自信的脸，教练毅然决定了带他走。

在国家游泳队集训中，果然，左眼全盲的达尔尼表现出色，各种游泳成绩都能排在前几名。但这种结果不是教练所期望的，教练知道达尔尼缺的不是顽强的意志，而是速度。教练想让达尔尼在各种游法上突出，后来放弃了，因为没有一个游泳运动员可以把各种游法练到完美的境界。根据达尔尼的身体条件，教练让他专门训练混合泳。果然，在汉城奥运会和巴塞罗那奥运会上，达尔尼包揽了男子 200 米、400 米混合泳的所有金牌。

当眼里没有了对手

　　其实，狂傲也是一种自信。一个人只有充满自信，才能进入一种更轻松的竞技状态，才能在没有压力的情况下，完美地释放自己的潜能。

　　出生于牙买加的尤塞恩·博尔特，无疑是个神奇的短跑运动员，他的身上似乎充满着无穷的力量，没有人知道他到底能跑多快，更没有人怀疑他能一次次创造奇迹。

　　2008 年北京奥运会，博尔特来了，他与师兄鲍威尔同台竞技，要用行动证实自己是跑得最快的人。

　　到北京后，博尔特经常去游览胜地观光，一点都不像是来比赛的，倒像是一位自由自在的游客。看到博尔特如此放松的样子，不少体育迷为他担心。百米大赛，是所有比赛项目中最刺激、最引人注目的，而且与他同场比赛的都是世界顶级"飞人"，尤其是鲍威尔，更是这个项目的世界纪录保持者。然而，博尔特全然不当回事。但是，2008 年 8 月 16 日晚上的决赛，让现场 9 万多观众热血沸腾。比赛一开始，博尔特就越众而出，他越跑越快，双脚仿佛离地飞行一般冲到终点。计时器上显示的是 9′69，这是一个匪夷所思的数字。博尔特超越了刘易斯、鲍威尔，用自己的双脚，创造了一项新的奥运会百米纪录，这是人类挑战自身极限的一个新的成果，博尔特不但用自身诠释了奥运会"更高更快更强"的精神，还为人类探索生命提供了一项新的数据。

如果不是亲眼目睹，我想，任何人都不会相信人类可以越过9′70的大关。这说明，在这个天才运动员的脚下，任何奇迹都可能发生。

博尔特何以能够技压群雄？因为他没有将所有对手放在眼里，他说他来北京是"玩"的。把百米短跑比赛当成娱乐的，博尔特肯定是有史以来的第一人。

《汉书·魏相传》云："恃国家之大，矜人民之众，欲见威于敌者，谓之骄兵，兵骄者灭。"其中兵骄者灭的意思是说，骄傲的军队必定要吃败仗。博尔特却一副"小视"的姿态，旁若无人，仿佛奥运会百米赛道，只是他一个人表演的舞台。

短跑项目一直是美国、加拿大、牙买加等国的强项。美国、加拿大的很多强手都出生于牙买加。是牙买加人的身体内遗传着擅长短跑的基因，还是牙买加有着培育短跑名将的土壤？我们不得而知。但是，一个不争的现实是，在牙买加，穷苦人脱离贫穷的最佳途径就是练短跑。或许正因为如此，牙买加才成为了世界短跑冠军的产地。

博尔特也是这样，他十几岁时，父亲的生意一落千丈，只好把他送到体校练习短跑。一开始，博尔特并不肯训练，他吃不了苦，经常偷懒，教练甚至觉得他根本就不可能练好短跑。后来，博尔特发现父母为了供应他训练，常常把自己累病，还节省下钱来给他买鞋子，买营养品，怕他吃不好。这时他就开始后悔了。他觉得如果自己再不好好训练，就对不起父母的付出，也对不起他们的期望。从此，博尔特发奋训练，最终成为短跑界的奇人。博尔特获得的奇迹越来越多，观众对他的印象也越来越深。

想到就能做到

| 感 悟 |

　　想到就能做到，世上并没有什么不可打破的神话，不是不能，而是你没有去想去做。

　　埃塞俄比亚的选手在长跑项目上，一度处于霸主地位，而肯尼亚的选手在中跑项目上，又技高一筹。而其他国家的选手，很少有人能在这两个项目上一展雄姿。来自摩洛哥的盖鲁伊，从 1995 年开始，在男子 1 500 米中跑中异军突起，从而对肯尼亚选手构成了威胁。但是，在奥运舞台上，盖鲁伊却暴露了持续力不足的缺点，这使得他的教练皱眉不已，而对手却非常开心。当时，中跑界甚至流传着一句话，没有人能撼动肯尼亚的领军地位，盖鲁伊也不过只是一个空心菜。

　　的确，在中跑项目比赛上，没有人敢站出来挑战肯尼亚选手。虽然竞争冠军的心谁都有，但是，想在中跑项目上夺冠，很多人认为，这不是梦想，而是幻想。如果谁突然说一句"我要拿中跑奥运会冠军"，一定会招来诧异的目光，听的人似乎都在想"这人不会是有病吧？他太自不量力了。"无疑，在队友眼里，盖鲁伊也是一个自不量力的人。

　　1996 年亚特兰大奥运会上，盖鲁伊在男子 1 500 米中跑中，排在最后一名；2000 年悉尼奥运会上，尽管一开始，盖鲁伊保持着优势，但到最后，还是败在肯尼亚选手的脚下。这样的结局其实早在队友的意料之中，虽然盖鲁伊的成绩不俗，却没有人为他喝彩！因为他是奔着冠军去的。明知道会输，还要被肯尼亚队员踩在脚下，很多人觉得这是一种耻辱。

从悉尼回来，盖鲁伊一直在寻找失败的原因。他知道，自己缺乏的是毅力，常常坚持不到最后关头便松懈了下来。

那天，他去游山，看到一处瀑布，不但风景迷人，而且水流从天而降，形成一条溪流。盖鲁伊见溪水上游的瀑布口流水如奔，便跳到水中，从下游往上游爬。越往上去，水的冲力越大，几乎立不稳足。终于来到了瀑布口，一股巨大的冲力，撞击着盖鲁伊，盖鲁伊赶紧抱住一块石头，坚持着。尽管这样，他的身子还是被冲得东摇西晃，很快顺水而下。这股撞击力何尝不像队友的嘲弄？那段时间以来，盖鲁伊一直忍受着冷眼和嘲讽，他以训练来发泄自己。如果不是认定了这条路，压力早就使他不堪承受了。

盖鲁伊躺在石头上，回想着自己的几次失败。不错，每一次都与持续力不足有关，于是，他决定把瀑布口当成自己的训练基地。如果自己连这个困难都挺不过去，又何谈与肯尼亚选手争夺冠军呢？从此，盖鲁伊经常来瀑布口训练。起初，他抱住石头，仅能坚持几分钟，后来，持续的时间越来越长，而他的中跑能力也在悄然增长。这些，其他的队员没有想到，甚至他自己也不敢相信。

2004 年雅典奥运会，盖鲁伊获得了与肯尼亚选手同场竞技的参赛资格。在男子 1 500 米跑中，他终于爆发了。一开始，盖鲁伊便抖擞精神，奋勇向前，只是，对手毕竟实力雄厚，很快就追了上来，并超过了他。不过，盖鲁伊已今非昔比，他毫不松懈，脚下发力，再次超越了对手，并将优势一直

保持到终点，为摩洛哥夺得一枚珍贵的金牌。战败肯尼亚选手，盖鲁伊想到了，也做到了，他亲吻了一下奖牌，然后向肯尼亚选手友好地伸出手。在以往的比赛中，他只能仰视肯尼亚选手，而那天，他终于可以俯视对手了。

跨越心中的障碍

┤感悟├

　　往往，我们不是败给对手，而是败给自己。只有驱散心中的阴影，你的眼前才会出现亮丽的风景。

　　当月亮孤独地挂在空中，坐在桥头的丘马斯内心感到一种从未有过的寂寥。

　　丘马斯是一名美国黑人运动员，虽然有着超人的弹跳天赋，却得不到教练的关注和队友的尊敬。本来，他已经获得参加第十六届奥运会的资格，但来自周围冷漠的目光，却让这位黑人少年失去了比赛的激情。

　　天快亮的时候，桥头多了一个人。那是个中年男人，一身黑衣，脸却白得像一盘银月。他叫詹姆斯，是丘马斯的白人知己。

　　詹姆斯自小酷爱跳高，但是由于后来穿上了军装，便无缘出现在赛场上。他对丘马斯非常看重，认为这位黑人少年的身体有一股不同寻常的力量，只要爆发出来，肯定能够跳得更高。

　　但是，他也看出丘马斯目前有个障碍，这个障碍已经不再是来自赛场的，而是心理上的。

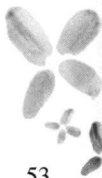

"知道奥运会跳高冠军约翰逊吗？"詹姆斯走到丘马斯身边并坐下来，轻轻地问。丘马斯点点头。"约翰逊和你一样，也是位黑人，在参加 1936 年第十一届柏林奥运会前，又有几人尊敬他，可是为什么后来能成为美国家喻户晓的体育明星？因为他跳过了 2.03 米的横杆，夺得了奥运会跳高冠军。其实你也一样，想让别人敬重你不难，只要你在奥运会上取得好的成绩，没有人再轻视你。"丘马斯的目光中闪过一丝异彩，但随之又暗淡了。

"我会超过约翰逊吗？"丘马斯不自信地问。约翰逊是丘马斯心中的英雄，他自然知道，只要和约翰逊一样的出色，就不会再有人忽略他的存在，但是，约翰逊同时又是他眼前的一座高峰，他能跨过去吗？"会的，"詹姆斯拍拍他的肩膀坚定地说，"我相信你有这个能力。""那我马上去训练。"丘马斯站起来就要走，却被詹姆斯拉住了。詹姆斯说："不要怕障碍，走平坦的路，永远不会成功，懂吗？"丘马斯再次点点头。

回到训练场上，丘马斯不再怨天尤人，而是将心中的不平化成力量。丘马斯心中的阴影越来越少，而他面前的横杆，也在不断地被提升。

一晃，奥运会比赛的日子就要到了，丘马斯随队来到澳大利亚墨尔本。第二天参赛的早上，竟没有人喊他起床。等他醒来，教练和队友已经不见了，他急忙往赛场奔去。来到门口，门卫却不让他进去。他焦急地说："我也是参赛选手。"门卫说："不行，没有人证明你的身份。"

无奈，丘马斯只好买了一张门票，以观众的身份进入运动场。等他跑到赛场上，比赛马上就要开始了。教练淡淡地看他一眼，说："你来了。"丘马斯说："是的，我来了，教练，你等着看吧。"丘马斯逼视的目光让教练不寒而栗，第一次感觉到这个黑人少年有一股潜在的力量。

　　经过激烈的角逐，最终丘马斯以 2. 12 米的成绩，超过了约翰逊 2. 03 米的高度，获得了第十六届墨尔本奥运会跳高冠军。

第二辑　自信篇——跨越心中的障碍

"小丑"也能当明星

┃感悟┃

　　不要在乎别人说什么，角色没有美与丑之分，真正的"小丑"是那些不学无术的人，只要能带给观众快乐，你就是舞台上最璀璨的明星。

　　亚当·桑德勒生于美国布鲁克林，他从小就喜欢看电影。在学校里，他的活泼好动是很有名的，一有庆典活动，他便报名参加，至于出演什么节目，他并不在乎。其实，他根本没有一套完整的表演套路，不过，学校不同于正规的表演舞台，组织老师总能让他登台。到了台上，他才想起其实自己什么也不会。桑德勒想下台，同学们都不答应，纷纷让他露几脸。所谓露几脸，就是出几个"怪"样，那"怪"样是他平时出惯了的，所以很多同学都知道。他不得不露了几脸，而实际上那几脸看上去很"丑"，不过，同学们还是被他逗得哈哈大笑，连老师们也忍俊不禁。

　　有一次，桑德勒和一个同学发生了争执，同学狠狠地骂了他："你这个小丑！你除了出几个怪样还会什么？你以为自己真的会表演吗？有本事你去当大明星啊。"对别人来说，那无非在说桑德勒平时的表现，但听在桑德勒耳里，却极不舒服。桑德勒本来是个嘻嘻哈哈的人，他几乎不知道什么叫生气，但那天，连他自己都不知道为什么会动怒。他一拳把同学打出了鼻血。事情闹大了，桑德勒被风纪老师唤进了办公室，问明了情况后，风纪老师将他训斥了几句。虽然事情发生的原因不在他身上，但风纪老师也认为骂他"小丑"并不过分，因为平时，他就是这个样子。

那天晚上，桑德勒彻夜未眠，他想着那位同学的眼神，想着他的话。难道自己真的只能当小丑吗？"不，我要当大明星！我要证明给他们看。"

中学毕业后，桑德勒进了波士顿一家喜剧俱乐部。他天才般的丑角表演往往能将观众逗乐，因此，他也成了俱乐部的"保留演员"。每次，如果他还不出场，观众总会一起呐喊："桑德勒出来，桑德勒出来。"终于有一天，他不想再当"小丑"了。那天，他在台上做着各种怪样表情和动作，台下笑声一片。突然，一个熟悉的声音从下面传来："笑什么，他除了当小丑还会什么？"桑德勒朝下面一看，发现那个曾经骂过自己的同学正冷笑着站在那里。于是桑德勒羞愧地躲进后台。俱乐部负责人听闻后走了过来，问他："你怎么了？"他说："对不起，我想我要离开了，我不能给大家带来笑声了。"

"这到底是为什么？你不是一直很喜欢这个舞台吗？"负责人问。桑德勒这才说出了自己心中的感受。负责人听后，拍拍他的肩膀表示理解，但并没有答应他辞去工作。负责人说："你知道卓别林吧？他给观众的形象是什么？是'小丑'，但是，谁能不承认他是喜剧大师？喜剧也罢，悲剧也罢，'小丑'也好，'帅哥'也好，都是为了娱乐观众。做一名演员，只要给了观众快乐，获得了掌声，自己的表演就得到了承认，你何必在乎个别的意见呢？"

负责人的话激励了桑德勒，从此，他脚踏实地地站在了表

演舞台上，并且固定了自己的表演路线，那就是喜剧人生。

　　一次，桑德勒到洛杉矶巡演，被美国著名脱口秀节目《周末夜现场》的负责人看中。后来，桑德勒便加入了《周末夜现场》。从 1991 年到 1995 年，《周末夜现场》的收视率不断上升，成为美国电视观众最喜欢的栏目之一。1993 年，桑德勒的专辑《人们都将嘲笑你》，还为他赢得了格莱美音乐奖提名，该专辑在百老汇排行榜上停留了 100 多个星期。桑德勒成为美国人眼中的一大喜剧明星。

全力去跳

┤ **感悟** ├

　　全力不但包括全部的体能，还包括全身心的力量。如果一个人对自己充满信心，那么，无论他面对多大的障碍，都能全力跨越过去。

　　他叫唐纳德·托马斯，出生于巴哈马，十几岁时，他就显出了他身高的优势。在学校里，他经常和一群交好的同学练习篮球。每个月，学校里都有一场由学生们自发组织的篮球比赛，因此在赛场上，总能看到他黑色旋风般的身影。

　　有一次，他参加完比赛，刚回到寝室，突然，体育老师走了过来，对他说："托马斯，有件事我想和你聊一聊。"托马斯忙站起来说："老师，有什么话您就说吧。"体育老师说："最近几个月，我看了你的比赛，感觉很好，我有个朋友开了一家体馆，正在招收运动苗子，你想不想去训练？"托马斯高兴地说："太好了，我愿意。"

　　不久，在体育老师的引荐下，托马斯来到体馆。第一天是体能训练，托马斯完全展现了他的弹跳力，体能教练为之惊讶，训练后对他说："像你这样的弹跳力，我还是第一次看到，如果你肯参加田径项目的训练，肯定会在跳高上取得一定成就

的。"托马斯只喜欢篮球，他对田径项目不是很关心，因此，他只是微微一笑，没有把体能教练的话放在心上。

几年后的一次青年篮球比赛上，托马斯带领他的队友连闯选拔赛、小组赛、决赛三大关，捧获了冠军。就在这次比赛上，他矫健的身影和出色的弹跳力引起了一位田径教练的注意。赛后，田径教练通过他所在的学校与他取得了联系，并竭力劝他参加跳高训练。教练对他说："你是一个非常好的跳高苗子，我因为有你这样的选手而骄傲，希望你不要放弃自己的特长，全力训练，为国家争取荣誉。"托马斯说："我真的可以跳好吗？"教练拍拍他的肩，说："会的，你肯定会的。"

接下来，托马斯就转入田径运动，并专门参加跳高训练。他第一次参加训练，教练便将杆高定在了 2 米。他望着横杆，有些迟疑。教练说："跳吧，用背越式。"他吞吐着说："教练，是不是太高了，我能跳过去吗？"教练点点头，说："你能的，我相信你有这个实力，来吧。"托马斯在心里默念一遍技术要领，助跑，起跳，结果身子把横杆碰掉了。托马斯爬起来说："教练，我真的不行。"教练说："不，你不是不行，而是没有用尽全力，再来一次。"

托马斯又跳了一次，这一次，他虽然用力跳了，但仍然没有跳过 2 米的高度。托马斯说："教练，要不你把横杆放低一些吧，我真的跳不了这么高。"教练问："你用全力了吗？"托马斯说："我用了，真的用了。"教练摇摇头，说："不，你没有用全力，因为你心里一直在迟疑，你在怀疑自己的能力是不是？"托马斯被说中了，他低着头不再说话。教练说："全力不但包括你的体能，还包括你的信心，把心的力量也发挥出来吧。"托马斯一听，慢慢地抬起头来，他注视着横杆，暗暗对自己说："我一定能跳过去的。"说来也怪，当他心中有了这样的念头后，横杆在他眼里似乎低了不少。托马斯再次助跑，起跳，"嗖"地一下，跳过了横杆。2 米，对于一个从未接受过专业跳高训练的人来说，简直是一个奇迹。

教练笑了，托马斯也笑了。从此，托马斯对自己的潜能充满了信心，无论教练给他定多高的目标，他都相信自己一定能跳过去。

一年半后，在大阪世界田径锦标赛上，托马斯与世界各国的跳高强手展开了较量。面对那些傲慢的目光，他再次失去了信心。当横杆提到 2 米 32 时，他一连两次都没有跳过，如果再这样下去，他就要与冠军无缘了。第三次助跑前，他忍不住望了远处的教练一眼，而那时，教练正向他望来，他看到了教练那双焦急的眼睛，耳边仿佛想起了他的话："要用全力，全力……"

托马斯望向前面的横杆，2 米 32，心想一定能跳过去。想到这里，他突然觉得自己的双腿灌注了无穷的力量，他几乎没怎么助跑就来到横杆下，却一个纵身跃了过去。接下来，他又凭全力征服了 2 米 35 的高度，成为当之无愧的世界冠军。

精神上的对抗

| 感 悟 |

一个人只要有斗志，哪怕99次失败，只要意志不倒，就会赢来第100次的胜利。可是如果你精神上输了，也许一辈子都要输下去。

他出生于俄国的一个富裕家庭，父亲去世得早。父亲的去世影响了母亲，母亲的脾气渐渐坏起来了，经常打骂他。为了躲避母亲，他每天吃了饭就出去找伙伴们玩。孩子们在一起，有快乐，也有争执，一旦发生了争执，他便被伙伴们乱打一顿。

那天，因为他游戏时失误，伙伴们再次打了他。他哭着跑回家里，母亲一见他这个样子，马上拧着他的耳朵训斥："你这个软弱的东西，为什么被人家打哭？"他讷讷地说："父亲死了，伙伴们都欺负我。"母亲说："这与你父亲有什么干系？是你自己没出息。"他说："可是，我打不过他们。"母亲说："你在体力上输给了他们，精神上为什么还要输？你要知道，你现在能力不够，不代表以后没有能力，但是，你精神上输了，一辈子就要输下去。"

母亲的话给了他很大的鼓舞。从此，再和伙伴们发生争执时，他不再怯懦，即使打不过他们，也会怒目以对，让他们知道，自己没有认输。他骨子里的坚强，使伙伴们心中胆怯，欺负他的人也越来越少了。

长大后，他进入莫斯科大学学习文学创作，随后又在圣彼得堡大学研究经典著作。几年后，他又前往德国学习。在那里，他看到了比俄国更加先进的社会制度，因此，对俄国存在的封建农奴制度产生了对抗心理。

一次，他在游历俄国时，遇到一个农场主，农场主鞭打着三个农奴。那三个农奴最大的已经七十来岁，最小的只有八九岁。从对话中听出，他们是一家三代，爷爷体弱多病，儿子因为要照顾老人和孩子，耽误了农活，于是遭到了农场主的鞭打。他非常气愤，上前怒斥农场主，本想给那祖孙三代讨个说法，却被农场主一声令下，喊来几个打手将他痛打了一顿。他联想到自己小时候常常受到的委屈，于是对这些人怒目而视，但他的怒视根本解决不了问题。这件事情发生后，他想起母亲的话，是啊，体力是输给了他们，但精神上不能输。从此，他决定以文学创作来抨击社会的黑暗。

后来，他选择了一本比较敢接受进步思想的刊物，开始连载自己的《猎人笔记》，共写了 25 个短篇故事。文章中，他通过一个猎人狩猎时的遭遇，描述乡村风貌、生活习俗，刻画了农民质朴的形象，同时揭露了地主善意嘴脸背后的丑恶内心。《猎人笔记》使他一举成名，轰动了当时的整个文坛。

他就是屠格涅夫，19 世纪俄国伟大的现实主义艺术大师。在《猎人笔记》后，屠格涅夫又相继创作了长篇小说《罗亭》、《贵族之家》、《前夜》、《父与子》等。其中《父与子》也是文学史上的经典之作之一。

走出低谷，便是高峰

| 感悟 |

　　在哪里跌倒，就在哪里爬起，走入低谷不要怕，只要走出来，脚下又是一条崭新的路。

　　德布鲁因出生于荷兰，她从 7 岁时便开始参加游泳训练，17 岁时便扬名世界。在 1992 年巴塞罗那奥运会上，德布鲁因成为观众最看好的夺金选手之一，被荷兰人民寄予了厚望。但是，在女子 50 米自由泳、100 米蝶泳、4×100 米混合泳中，德布鲁因接连失利，成为舆论非议最多的运动员。心理脆弱的德布鲁因，被失败的阴影笼罩着，情绪一度陷入低迷，无心训练和比赛，处于半退役状态。

　　1999 年冬天，德布鲁因和朋友去旅游，在一座山上，她看到一个年迈的采药师，背负一篓子药材，从谷底向上攀爬。抬头望去，雾气弥漫，看不清山上的情况。德布鲁因走了上去，问采药师："老人家，你家住在哪里？"采药师指指山顶，说："就在山上。"德布鲁因笑了，说："这怎么可能，哪有住在山顶的。"德布鲁因认为山顶之上风寒又寂寞，而且上下不便，根本不是居住的地方。采药师也笑了，拍拍背后的药篓，说："我刚才说的是笑话，不过，我虽然不住在山上，目标却在山上，所以，我必须要爬上去。"

德布鲁因认真地看看老人，觉得他的年龄即便没有七十岁，也应该差不多了，她真担心一个不慎，老人会跌下山去。何况山路遥远，崎岖不平，他这么大岁数了，为什么非要爬上去呢？想到这，德布鲁因问："你这样什么时候才能爬到山顶呢？"采药师微微一笑，说："不要悲观，走出低谷，就是高峰，对我来说，目标就在脚下，希望就在眼前。"

　　采药师的话，让德布鲁因心有所动。几年来，她一直郁闷不乐，实则是受了 1992 年奥运会失败的影响。德布鲁因暗想，一个生命即将走到尽头的老人不仅不放弃，而且对前途充满了希望，我为什么就如此悲观呢？不行，我不能再低沉下去了，走不出心中的阴影，是不会有最佳竞技状态的。

　　2000 年初，德布鲁因突然回到游泳队，以乐观的态度面对现实，她越是洒脱，训练成绩就越好。2000 年悉尼奥运会上，德布鲁因蕴藏已久的能量终于爆发了，她先后在 50 米自由泳、100 米自由泳、100 米蝶泳中获得金牌。胜利的喜悦写在德布鲁因的脸上，而惊喜属于她身边的每一个人。亲友、领导、教练、队友，都认为德布鲁因的转变和爆发是个奇迹，只有她自己知道，是采药师不经意间点化了她。

学 会 跨 越

| 感 悟 |

　　世上的道理是一样的，有许多事不是我们做不到，而是我们抱守了陈旧的思想，不愿意，也不想跨越它。

　　记得听过这样一个故事：有一位乡绅，某日看到一座三层楼阁，红砖黄瓦，豪华气派十足，尤其是楼阁的顶层，琉璃飞檐，煞是好看。乡绅动心了，回来后，让工匠也照样建一座。施工期间，乡绅迫不及待地来到工地上，其时正建着基础。乡绅不耐烦了，说，我要的是最上层，你们建的是什么？工匠们目瞪口呆，不知该怎样去回答他。

　　相信很多人听过这个故事后，大都会一笑了之。但乡绅的要求能不能达到？回答是肯定的。敢做这样大胆肯定的是一家建筑行业的面试生阿辉。

　　当时，建筑公司的智囊团们，正在为几十年来遇到的头一桩棘手的事而大伤脑筋。那是一个外企投资商的要求，合作的条件是以有限的材料，在有限的时间内建设一个"空中花园"。公司老总正在为苛刻的条件和交工时间犯难时，阿辉手拿该公司的招聘人才广告进来了。公司老总马上将这个棘手的问题作为一道试题摆在阿辉面前。阿辉虽然是工程学院的高才生，但在那间公司里，不仅有雄居建筑业几十年的老总，有市内著名的建筑设计师，还有具备丰富建筑经验的设计者们。

　　但是，阿辉只不过凝思了一会儿，便在一张空白的纸上迅速画了一张图纸，然后告诉大家这就是外企投资商所要建筑的样子。公司老总和设计师们都愣了，阿辉的方案不是没人想到过，而是没人敢相信方案能够成立。但阿辉通过简洁、透彻的分析，以新颖锐奇的思路和合情合理的陈辩，最终折服了老总及他的智囊们。

　　他的方案是建设一个空中楼阁，以盘旋楼梯代替一二层基础。这样既省去了大量的建筑材料，缩短了工期，又能使建筑品视角独特，从周围四个方向看去似乎是四个季节的模式，各自不同，又皆具有一定的审美观点。

　　阿辉的方案得到了外企投资商的赞许。建筑公司与外企的合作成功了，阿辉也被高薪留聘在这家建筑公司。

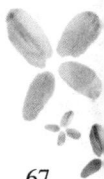

老板对面的椅子

| **感悟** |

一枚棋子，摆在不同的位置，它的功能便会不同。同样，一把普通的椅子，坐与不坐，也可以折射出不同的人生态势。

克罗格公司是美国三大零售集团之一，它拥有两千余家大型超级商场，年销售额约近 200 亿美元。

一天，克罗格公司要招聘两名员工，一名监督员，一名接待员。参加应聘的共有 30 名青年，公司的招聘条件很严格，经过初选和再选，只有迪斯和凯诺成绩及格。随后，他们被带进老板詹姆斯·赫林的办公室，接受最后的面试。

当时，詹姆斯·赫林正在一个人下棋，在他的对面有一把椅子。听到脚步声，詹姆斯·赫林抬起头来，扫了一眼迪斯和凯诺，问："你们谁应聘监督员？"迪斯赶紧上前一步，说："老板，是我。"老板指指对面的椅子，示意他坐下来。迪斯慌忙说："不，在您面前，我怎么能够坐下呢。"詹姆斯·赫林笑着说："坐吧，不用拘束。"迪斯恭恭敬敬地说："您是老板，我是员工，我可不敢和您平起平坐。"詹姆斯·赫林叹息一声，说："那么，我不得不抱歉地告诉你，你的复试没有通过。"迪斯一呆，他看看椅子，问："难道这坐与不坐，也是一道试题?"詹姆斯·赫林点点头,说:"是的。"说着,他望一眼凯诺,问:"你是来应聘接待员的?"凯诺一屁股坐在老板对面的椅子上,说:"是的。"詹姆斯·赫林问他:"你为什么坐下了?"凯诺自作聪明地说:"迪斯因为没敢坐这把椅子,便失去了机会,我不想和他一样的结局。"詹姆斯·赫林摇摇头说:"那么,我不得不遗憾地告诉你,你的复试也没有通过。"凯诺呆了,他和迪斯你看看我,我看看你,都不知道自己的失误在哪里。

詹姆斯·赫林望着迪斯说:"别忘了,你是来应聘监督员的,这一岗位的职责就是监督老板及有关人员的管理,从某一方面来讲,它的权利甚至大过老板,如果你连坐也不敢坐在老板对面,又怎么能直言利害,胜任自己的角色?"说着,詹姆斯·赫林又对凯诺说:"而你就不同了,你应聘的是接待员,这一岗位的职责就是谦虚有礼,热情服务,无论面对谁,都要有一种谦卑的态度才行,怎么能随便就坐下呢?所以,你也不适合这一角色。"

成功的基石

|感悟|

　　浮躁会使人变成无头苍蝇，盲目乱飞，而成功的基石，往往垫在沉稳者的脚下。

　　5年前的一天，我将出租车停靠在街边，这时一个二十几岁的小伙子奔过来租车。上车前，他将一封信递到我的手里，让我替他投进街道对面的邮筒里，然后一头钻进了旁边的电话亭。

　　我拿着那封信穿过街道，有意无意地看一眼信封，信是寄给市电器公司老板的，没什么特别之处，倒是信封上的邮票让我眼前一亮。那是一套三国人物邮票中的一张，我酷爱集邮，而我那套三国人物邮票恰恰缺少了那张。于是，我做了一件不光彩的事，将那封信悄悄地装进了兜里。

　　当我走回来时，小伙子已经打完了电话。上了车，小伙子说："师傅，请赶紧把我送到飞机场。"

　　路上，小伙子告诉我，他叫于进，是应届毕业生，两个多月前到电器公司应聘，三个月的试用期。和于进一起应聘合格的还有三个大学毕业生，但是由于老板并没有重用他们，前不久，那三名大学毕业生相继"远走高飞"了。昨天早上，于进从报上看到广东一家电器公司在高薪招聘员工，他决定南下

广东，于是买好了飞机票。现在离飞机起飞还有一小时，为了不延误时间，于进刚才自己给家人打电话告辞，就让我帮他投信。

我问于进："那封信里是什么？" 于进说："辞职信。"

20 分钟后，我们来到了机场。等于进下了车，我赶紧掉转车头，逃离了。

这件事一直让我心中有愧，之后的出租中，我尽量以诚心对待每个顾客，有时，遇到坐车的人没有零钱，我就慷慨地不要了。

一天凌晨，我在街头等待生意，由于起得早，我有些困，于是趴在方向盘上打盹。突然有人敲车窗，说："师傅，送我去市电器公司吧，公司接送员工的专车坏了。"

我抬头一看，吓了一跳，原来，那人竟是于进。

我张大了嘴巴，一时不知说什么好。于进上了车，笑着说："走吧。"

我发动了车，心怦怦直跳。很快，我就发觉于进并没有认出我来，才放松了下来，但是心里却有一股愧疚感冒出。

来到市电器公司前，于进正要下车，我突然一把拉住他说："兄弟，有一件事我必须向你说一下。"

"什么事？" 于进问。

"还记得 5 年前的一天吗，你急匆匆要去广东，是我送你去的飞机场，开车之前，你让我帮忙把一封辞职信投进邮筒中。"

于进看看我，一拍额头，说："想起来了，原来你就是那位司机大哥啊。"

"我对自己的行为表示道歉，因为我看中了信封上的邮票，所以并没有把你的辞职信寄出。"

　　于进握着我的手，笑着说："那我还要感谢你呢，要不是你，我能回来上班吗？"

　　我愣了。原来，于进去了广东后，发觉那家公司实力并不雄厚，而且，所谓的高薪也只是个幌子，公司是在借助媒体炒作。于进后悔了，他在广东待了几天，虽然有几家公司想招聘他，但是比起原来的电器公司，待遇并不优越，何况在原来的电器公司上班，他还没有背井离乡之苦。经过三思后，于进回来了，他决定向原电器公司老板道歉，请求谅解。但是老板并没有提辞职信的事，相反，正式和于进签订了用工协议，并且告诉他，和他一起进公司的四名大学生中，唯有他最沉稳，其他三位爱飞就飞吧。事实上，老板也是故意考验那三人的心态，现在，通过努力，于进已经是公司的中层干部，老板的得力干将了。

确定自己的目标

|感 悟|

　　无论做什么事，都要有一定的目标，盲目地行走，就像无头的苍蝇，结果只能是四处碰壁。

　　有一个民间面人师，在走江湖时收了个徒弟。当时徒弟只有 12 岁。

　　半年来，徒弟跟随师父走南闯北，捏面人的基础手艺很快学通了。徒弟心灵手巧，玩起面来很熟练，但是，一块面在他手上捏来捏去，一会儿像猴子，一会儿像小猫，一会儿又像胖娃娃，直到最后他捏得十指酸疼，却什么也没捏成。

　　这天，徒弟苦恼地问面人师："师父，为什么我总是静不下心来？"面人师说："不要慌，师父像你这么大时还没学这项手艺呢。"徒弟说："可是我想帮你挣钱啊，你就告诉我为什么吧。"

　　面人师看看徒弟，说："我给你讲个故事吧，在非洲大草原上，有一群野牛。野牛速度很快，因此当它们奔跑时，凶猛的狮子一般不会去追。因为狮子知道，即使它用尽全力，也未必追得上这些疯狂的野牛。野牛们每天在草原上疯跑，练出了强健的体魄和风驰电掣般的速度。但是，这并不等于它们从此就可以高枕无忧了，虽然有了速度，但它们还缺少目标，因为野

牛只是一味地疯跑，根本不知道要往哪里去。野牛们只会成群结伙地围着草地转圈子，当它们停下来时，藏在暗处的狮子就冲了出来。你知道结果是什么吗？"

　　徒弟说："野牛跑掉了？"师父说："不是，野牛已经跑累了，它们跑不动了。"徒弟低着头说："它们被狮子吃掉了。"师父说："是啊，它们被吃掉了。试想，如果它们不是因为盲目地疯跑损失了体力，会那么容易落入狮口吗？"

　　徒弟明白了师父的意思，他是让自己明白不要盲目浪费精力，要认真、专一，想好目标，才能把面人捏好。

　　之后，徒弟果然收敛了浮躁的心性，无论捏什么时，都是认认真真的，想好一个捏一个。捏好一个再捏下一个，这样一来，不久之后，他的面人就得到了顾客的欢迎。长大后，徒弟也成了一位民间有名的面人师。

拿起手中的凿子

> 滴水可以穿石，并非水有穿石的力量，而是因为其锲而不舍、始终如一的精神和态度。不要畏惧困难，困难就像一块巨石，只要我们拿起手中的凿子，总有一天，会把它雕刻成自己想要的样子。

山下有一个村子，村子里有一位石匠，石匠技艺精湛，远近闻名。有一天，来了一个少年，少年请求跟石匠学艺，石匠见少年态度诚恳，便将他留在了身边。

然而，学习石匠手艺并非是件容易的事，不但要顶着烈日的曝晒，还要忍着手臂的酸疼，以及石灰迷眼的痛楚等。尤其是石匠居然让少年把一块巨石凿穿，这简直是不可能的事。凿了不到半月，少年便干不下去了。

一天，石匠接到一户人家的邀请，前去为其雕刻门碑，临行前，石匠指着巨石说："为师走后，你就继续练习吧，不要懈怠，记住了吗？"少年说："记住了。"石匠走后，少年就躺在石头上睡了起来。

晚上，石匠回来了，问他："今天练得怎么样？"少年说："练了一整天，胳膊都麻了。"石匠说："好，就这样练。"第二天一早，石匠又走了，少年又躺在石头上睡了起来。到了晚上，石

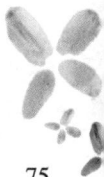

75

匠回来后，问他："今天练了多少？"少年说："记不清了，总之没有五千下也有三千下。"石匠说："很好，很好，记住，要坚持凿下去，一直到把石头凿穿。"

第三天早上，石匠走后，少年来到那块巨石前。那块巨石，足有半间屋大小，厚度差不多有一人高。少年本来也觉得撒谎不妥，但当他看到那块巨石时，又懈怠了。

这天，石匠回来得早，因为他已经完成了那户人家的任务。石匠回来后，就去检验少年练手艺的石头。一看，石匠就生气了，他指着巨石说："你……你怎么能欺骗师父？"少年说："师父，这能怪我吗？你让我天天凿巨石，可我是人啊，又不是神仙，怎么能把这么大的石头凿穿？"

石匠沉吟一会儿，说："你随我来。"

石匠带着少年来到一个滴水的洞口，指着洞下的石头说："你瞧这块石头，它本来有几尺厚，谁能想到水会穿过它？世上的事不怕你想不到，就怕你做不到，只要持之以恒，任何远大的目标都能实现。"

少年悔恨地说："师父，我对不起你，你放心，从今天开始，我会努力的。"果然，从那之后，少年每天一早起来凿石头，一天、两天、三天……

三年后，那块石头终于被他凿透了。而他，也练成了一手娴熟的凿子功。接下来，石匠又传授了他石雕技艺，有了凿子功为基础，石雕技艺学来也就不复杂了。

又过了几年，少年已经成为与其师名望相仿的石雕大师。

感谢跌倒

┤感 悟├

　　感谢跌倒，它让我们看到了脚下的障碍，感谢跌倒，它使我们坚定了跨越障碍的信心。

　　有一个少年，特别喜欢运动。有一天，他听说省里的一位运动教练退隐山林，于是决定登门拜访。

　　来到教练的住处后，少年便开门见山说出了自己的愿望。教练上下看看他，说："不错，你骨骼清奇，是块运动的好材料，不过，光是好材料不行，还要经受得住磨炼。举个例子说，比如一块好钢，只有在铸剑师手中，才能变成宝剑，放在普通人手里，永远只能是一块钢，你明白吗?"少年说："明白，请教练指导，无论多大的苦，我都能吃。"

　　教练笑了笑，说："这样吧，我先考验你一段时间，只要你能经受住考验，我就会收留你。"少年忙问："怎么样考验?"教练说："山后有一片森林，那里干柴多，你每天早上去那里砍一些回来吧。"少年马上说："好的，我一定完成任务。"师父考验徒弟，这样的事很正常，少年并没觉得哪里不对劲。

　　从此，少年每天早上带着斧头去后山砍柴。他原本以为砍柴是件简单的事，其实不然。因为通往后山的路崎岖不平，少年深一脚浅一脚地走着，尤其当身后多了一些干柴时，他会经

常跌倒在地。有一次，少年在背柴回来的路上，不小心掉进一个坑里扭了脚。他一瘸一拐地回到教练的住处。教练问:"干柴呢?"少年满肚子怨言地说:"您瞧我的脚，能走回来就不错了，还要什么干柴。"

教练在他面前坐下来，慢慢地挽起自己的裤腿，说:"你来瞧瞧。"少年发现，教练的腿上竟然有十几处伤疤，一时不由得呆了。教练放下裤腿，轻轻地说:"很多人都羡慕我是运动健将，不错，我经历了大小一百多次比赛，冠军拿了不下三十几个，可是，谁又知道我曾经遭受过的磨难? 只有这些伤疤，记录了我曾经的疼痛，孩子，你吃的这些苦根本不算什么。"

少年暗叫惭愧，从此无论多大的艰辛，他都不会皱一下眉头。

几年后，在全市举办的一次障碍跳远比赛中，少年一举夺魁，成为一颗耀眼的新星。

把理想挂在高处

┤ 感 悟 ├

　　学无止境，只有把理想挂得更高，自己才能站得更高。

　　男孩是美国纽约一所中学的学生，学习非常优秀，只是，男孩有个弱点，只要取得好的成绩，他就非常容易满足。

　　一次测试，男孩获得了三个绩优。回到家里，他高兴地对父母说："爸爸妈妈，老师今天表扬我了。"当时，父亲正在绘制一座楼房的图纸。听到儿子报喜，父亲只是点点头，鼻子里嗯了一声。儿子非常不高兴，他走到父亲身边，摇着父亲的胳膊说："爸爸，我获得了三个绩优，你奖赏我什么啊？"父亲说："三个绩优就满足了吗？"儿子说："可是我们班只有我一人获此殊荣啊。"父亲绘制完最后一笔，将图纸收起来，然后拍拍儿子说："你啊，总是这么容易满足，如果三个绩优就高兴成这样，以后还怎么进步？来，孩子，跟爸爸去看看对面的楼。"

　　对面是一栋28层的高楼，图纸是由这位父亲设计的。楼的底座是方形的，中间是球形的，顶部是尖形的，这种大胆的设计和独特的风格曾经受到业界的一些专家指责，但是，最终父亲说服了工程商，将这栋标新立异的高楼盖了起来。经过有

第二辑　自信篇——跨越心中的障碍

关部门的测量和专家的再次认定，该楼获得了三个甲级证书。不过，面对获得的荣誉，父亲从没有在谁面前失过态。

父子带着男孩来到楼下，向上望了一眼，说："孩子，咱们到楼顶看风景去。"男孩一听就想往电梯里钻，他刚走了几步便被父亲拉住了，父亲指了指楼梯。

父子俩顺着楼梯开始往上爬，等爬到 10 层时，儿子已经爬不动了，他大口大口地喘息着。父亲转过头来说："孩子，学习像爬楼，如果你爬到 10 层就满足了，那么，你是看不到楼顶的风景的。即使爬到这座楼的楼顶，你也不能满足，因为远处还有比 28 楼更高的楼，所以，你要把理想挂得高一些。"儿子如梦方醒，从此，他丝毫不敢懈怠，尽管成绩一再进步，他仍然保持着清醒的头脑。

几年后，儿子以全班第一名的成绩，考进了斯坦福大学。

扬起意志的帆

┤感悟├

　　每个人心中都有一张帆，那就是意志的帆。只要扬起它，朝着自己的目标坚定不移地行驶下去，那么，总有一天，你会到达成功的彼岸。

　　在东海边有一个渔村，渔村的人们世代靠打鱼为生。

　　有一天，村里来了一个武术大师。大师是漂洋过海而来的，他的船在海上触礁，大师也掉入海中，幸好，一个姓赵的渔民发现了这位大师，并将其救了上来。

　　几天后的清晨，大师体力恢复得差不多了，便走到沙滩上练了一趟拳脚。大师的拳脚功夫已臻出神入化的境界，看得渔民们一个个瞪大了眼睛。赵渔民十六岁的儿子赵当目光中流露出羡慕之色，等大师一趟拳脚练完，他跑上去扑通跪倒在地。大师慌忙将赵当扶起来，问："小伙子，你这是干什么？"赵当说："我想拜您为师。"大师想了一下说："按理，我是不会轻易收徒的，但你父亲对我有恩，我也不该拒绝。这样吧，后天午时你到岛上来，如果过了午时你还不到，那你就不要上岛了，来了我也不会收你。""好的，我一定准时到达。"赵当高兴地说。

　　第二天，大师离去了。

第三天早上，赵当收拾了行李，向父亲叩头道别。

赵渔民问："儿啊，你真的要去拜师学艺吗？"赵当点点头说："爹，我喜欢武术，希望这一生能有所成就。"赵渔民点点头："既然你自己拿定了主意，爹也不说什么了，但是，这两天海浪很大，你要小心，如果遇到危险就回来吧。"

赵当说："爹，你放心吧，我是渔民的儿子，怎么会让风浪吓退？"说着，赵当背上行李出发了。

船在海上行驶了半个时辰后，海面开始起风了。风势越来越大，浪头将小船抛起来又扔下，扔下后又抛起来。幸好，赵当平时和父亲学了不少驾船技术，他踏定船板，双手扳动木桨，努力稳定着船的前进方向，不让其被风浪吹走。

不多时，赵当就累得两臂酸麻，突然一股海浪扑来，小船顿时被冲退了十几米。赵当慌忙稳住船头，继续逆风而行。猛地，一股浪头拍在船头上，顿时将小船打翻了。

"不行，我一定要把船翻过来。"赵当大吼一声，猛地一使劲，船翻了过来，他双手一按，飞身上了船，抄起船桨，控制着方向。早在出行前，赵当就想到了翻船这一层，因此他将船桨和船用链子牢牢地连在了一起。

船在海浪中艰难地向前行驶着。越来越猛烈的浪头拍打着小船以及赵当。赵当的耳边仿佛传来父亲的喊声："孩子，太危险了，回来吧。"

"不，我不能回去的，否则就无法学成武艺了。"想到这，赵当紧咬牙关，和风浪顽强地拼搏着。终于，前面出现了一个岛屿，目的地到了。赵当将船拴在木桩上，刚跳上岛去，就发现大师正微笑地站在一块岩石上。大师纵身跳到他身边，说:"好孩子,意志坚定,是个练武的好材料,跟为师进来吧。" 说着,大师带着赵当,来到一处洞府内。从此,赵当与大师学艺。匆匆五年,赵当艺成离岛,十几年后,也成为一代武林大师,其威名在江湖中传诵了多年。

自信是一把斧头

　　山上住着一个木工大师，据说，他年轻时便已名扬天下，甚至被皇上请进宫主持过宫殿的修建。

　　大师退隐山林后，便很少有人知道他的经历了。不过，在离他归隐处十几公里的镇上，住着一位秀才，秀才当年和大师一同进京，所以对他的背景很了解。秀才酷爱诗词文章，可惜，到 50 岁也没有考取功名。秀才 25 岁娶妻，第二年，妻子给他生了个儿子，取名厌文。

　　一晃，厌文长到了 15 岁。秀才从不许儿子参加考试，并嘱咐他不得考取功名。妻子知道秀才恼恨科举制度，她只盼儿子长得健健康康的，其他的倒无所求。

　　有一天，秀才对厌文说："孩子，爹推荐你去一个人那里，你向他拜师吧。"厌文说："爹，你不是讨厌儿子学文章吗？"秀才说："你怎么知道父亲是让你学文章呢？"厌文问："那儿子要学什么？"秀才说："那人是个木工，而且据爹所知，他是普天下最有名的木工大师。你投在他门下，好好学一门手艺，这一生也算有点意义了。"

第二天，厌文就出发了。来到山上，厌文见到了大师，并拿出了父亲的介绍信。大师看到那龙飞凤舞的字，便想起了当年与秀才一同进京的情景，于是欣然答应。

不过，大师一开始并没有教授他木工手艺，而是给了他一把斧头，限他在一天之内砍100棵树。厌文觉得大师在刁难他，便生气地说："如果您不想教我，就直截了当地说出来，我马上走人，为什么要出这样的难题？"

大师说："如果你连伐100棵树的信心都没有，又怎么能学好木工呢？"厌文一听，就不说话了。

第二天早上，厌文带着斧头来到森林里。他一鼓作气砍了十几棵树，斧头刃都砍没了，他也累得腰酸腿疼胳膊麻。接下来，他绕着树林转了一圈，也没有找到另一把斧头。于是，他丧失了信心，苦恼地坐在地上。突然，大师的话在耳边响起："如果你连伐100棵树的信心都没有，又怎么能学好木工呢？"

是啊，我如果连这一苦难都克服不了，怎么学好木工。想到这，厌文站了起来，他搬来一块石头，将斧头刃磨利，继续砍树。就这样，他不停地伐着，斧头钝了便再磨一下，磨利了继续伐。到太阳落山时，他终于砍倒了100棵树。连他自己也觉得不可思议，但是，他真的做到了。

大师走过来验收了一下成果，点点头，说："能吃苦，有韧劲，是个可造的材料。"

从此，厌文跟随大师正式学艺，10年后艺成下山，替人建造房屋。30年后，厌文也成为一代木工大师。

第三辑 启迪篇
——看清自己的弱点

书籍是全世界的营养品。生活里没有书籍，就好像没有阳光；智慧里没有书籍，就好像鸟儿没有翅膀。

——莎士比亚（剧作家、诗人）

给自己一个跨越的目标

哈德森·迪拉德出生于1923年7月，是美国伟大的短跑运动员杰西·欧文斯的同乡。迪拉德从8岁时就开始练习跨栏，1936年，当迪拉德听说欧文斯在柏林奥运会上一人获得4枚金牌后，内心像翻滚的江水一样激动不已。欧文斯载誉而归，在他的老家举行了盛大的游行庆典活动，当时，只有13岁的迪拉德站在人群中，不停地为自己的偶像鼓掌。从那时起，迪拉德心中便树立了一个目标：超越欧文斯。

为了实现自己的目标，迪拉德在每个跨栏上，都画上"O"的符号，用来时刻提醒自己。没有人知道这一符号的深刻含义，直到后来，迪拉德参加国内一场田径赛，获得了胜利后回到训练场，他抱起一个跨栏，在"O"的符号上亲吻了一下，不停地喊着"欧文斯、欧文斯"。那时，身边的人才知道"O"的符号指的是欧文斯。

有一天，迪拉德正在训练场上，突然一个中年人走了过来，低头看了看跨栏上那个"O"的符号。迪拉德又惊又喜，原来此人就是欧文斯。此时的欧文斯已经结束了运动生涯，在

一家汽车公司当职员。

"听说你一直想超越我?"欧文斯冲他一笑。

迪拉德红着脸说:"不,不要误会,这个符号与您无关。"

迪拉德之所以不敢承认,是因为将人的名字随意刻在跨栏上是一种不敬的行为。但是欧文斯不在乎,他微笑着说:"没什么,只要能帮助你,把我的名字全写上去也可以。"迪拉德没想到欧文斯如此豁达,他不好意思地说:"谢谢,这样我已经满足了。"

接下来,欧文斯和迪拉德交流了自己的短跑心得,这些宝贵的经验无疑是非常珍贵的。可是听到后来,迪拉德却没有了信心,他犹豫着说:"您是世界上最伟大的运动员,我能超越您吗?"

欧文斯拍拍自己身上的工作装,说:"你瞧,我不过是一个企业小员工,一点都不伟大。"欧文斯知道迪拉德热爱跨栏运动,自己的短跑经验肯定有助于他速度的提高,但是,他也希望迪拉德能尝试一下男子 100 米跑,因为这项运动才是最刺激的。也许人各有自己的偏爱吧,迪拉德自幼便喜爱跨栏,所以对男子 100 米跑并没有多大兴趣,但是,他也答应欧文斯,以后有机会一定会尝试一下。

欧文斯的到来给了迪拉德莫大的鼓舞,尤其是在领悟到了欧文斯的发力技巧之后,他的速度更快了,跨栏成绩逐渐提升。在 1947 年 5 月到 1948 年 6 月这一年多的时间内,迪拉德连续赢得 80 多场胜利,在跨栏界可谓一骑绝尘、无人匹敌。

1948 年伦敦奥运会之前,迪拉德放弃了男子 110 米栏的选拔赛,而选择了男子 100 米跑。当时有很多传闻,说迪拉德的状态跌入了低谷,然而,从迪拉德后来的一些活动演说中不难看出,他是在男子 110 米栏中有了寂寞感,想接受一个新的挑战，同时也是为了兑现对欧文斯的承诺。果然，在伦敦，迪拉德获得了男子 100 米跑冠军。直到 1952 年奥运会，迪拉德才重新回到男子 110 米栏的比赛中，仍然毫无悬念地夺冠。

人生的奋斗目标

| 感悟 |

　　每个人都应有自己的人生目标。为什么一些人成功，一些人却平凡一生？因为他们的人生目标不同。

　　1835 年 11 月 25 日，他出生于苏格兰古都丹弗姆林一个贫穷家庭，他的父亲靠手工纺织为生，母亲以缝鞋为业，收入微薄。

　　13 岁那年，怀着对美国的向往，他们一家移民美国的匹兹堡。为生活所迫，他白天替公司送电报，每天都要跑遍全城，晚上，拖着疲惫的身子回到家里，还要读书。由于工作勤奋，他逐渐获得了领导的信任，职务也不断提升。为此，他感到很满足。

　　有一天，他去给人送电报，接电报的是个老人。老人很怪，几乎每次都能算准他来的时间，而且提前站在门口等他。一见了他，老人就大吼："为什么来得这么晚！"他已经不止一次为老人传送电报了，前几次，他的确不是很及时，因为他还要顺路去其他的地方。但是这天，他接到电报后就赶来了。尽管他满头是汗，老人还是满嘴的怨气。他将电报递给老人，老人看了一眼，突然露出欣喜的目光，情不自禁地喊道："结束了，战争终于结束了。"说着，居然请他进屋喝了杯咖啡。老人冲咖啡的技术并不高明，他喝了一口，觉得很苦，心里却甜丝丝的，因为老人毕竟和蔼了许多，看上去甚至像他的祖父。想到这，他笑了。他的祖父是个幽默的老人，无论生活多么困苦，他总能保持开朗的性格。老人自己也冲了一杯咖啡，猛喝一口，叫道："太苦了，这是给恶魔喝的，不适合你。"说着，老人又给他重换了一杯。他听祖父说过，16世纪初，咖啡刚传播到欧洲时，法国的国王亲自品尝，曾把咖啡当成恶魔的饮料。

通过了解，他知道老人的儿子在南北战争的前线，所以，他日夜关注着战争的变化，免不得心情焦虑。看到儿子发来的电报，说战争结束了，老人才开心起来。他临走的时候，老人突然握着他的手说："小伙子，我看你工作勤奋、脑子灵活，为什么不自己创业？难道你没有人生的目标？"他沉吟了一下，没有说话。这样的念头，他不是没有过，但并不强烈。老人拍着胸脯说："你现在这个年龄创业，还不算晚，再等几年就过黄金期了。我曾是钢铁业的老板，在当年商界也是挂了名的，只可惜，因为战争，我感到心灰意冷，将公司拍卖了出去。不过，我看得出战争过后，钢铁业的发展后劲十足，你要是有魄力，就走这条路吧。"

回来后，他沉默了几天，一直在想老人的话。正如老人所说，他的人生目标的确是模糊的，近几年来，他一直满足于邮差这份工作，毕竟这份工作收入还算不错，已经改善了他的家庭条件。几天后，他还是向领导提出了辞职。这一年，他29岁。

辞职后，他到伦敦考察了那里的钢铁研究所，果断地买下了一项钢铁专利和一项焦炭洗涤还原法的专利。回到美国，他

筹集资金，成立了联合制铁公司，大胆引进先进技术和人才，科学管理，降低成本。到了 20 世纪初，他的钢铁公司已成为世界上最大的钢铁企业，年收益额达4 000 万美元。

他就是美国钢铁大王安德鲁·卡内基，一位和"汽车大王"福特、"石油大王"洛克菲勒齐名的白手起家的传奇人物。现在，在美国任何一个城市，都有以他的名字命名的图书馆。

成名之后，有记者问他是怎样取得今天这样的成就的？他说："第一，我自幼长在贫苦之家，常常饿肚子，所以决心要改变贫穷落后的家庭，这一点，从我当上邮差不久后就做到了。第二，我做邮差的时候，接触过各行各业的人，几乎每个人都给我一定的启迪，尤其一位钢铁老人，他让我有了自己的奋斗目标，看到了钢铁业的发展前景，所以，我才走到了今天。"

跨过心中的影子

| 感 悟 |

　　每个人的心中都有一个影子，或者是对手，或者是自己。当它像石头一样压在你心上时，会让你抬不起头来。因此，你只有跨过它，才能到达一个新的制高点。

　　在 1968 年墨西哥奥运会之前，如果说鲍勃·比蒙还算一颗明星的话，那么，墨西哥奥运会之后的比蒙，则是一颗光彩耀目的巨星。

　　墨西哥奥运会前，比蒙已经获得 22 枚金牌，胜利让他目空一切。来墨西哥时，他更是夸下海口，似乎已经将男子跳远这块奥运会金牌提前放在囊中。

　　那天，比蒙在去训练场的路上，看到一个清洁人员。那个人 60 来岁，留着雪白的胡子，正俯身扫着街道上的树叶。比蒙走到他近前的时候，那人的扫帚正好落在他脚上。比蒙喝道："干什么，没长眼睛吗？"老人说："对不起，我在扫地，我虽然长着眼睛，但只能看到地上的东西。"比蒙生气地说："难道你没看到我吗？"老人看他一眼，说："因为你不是东西，我的眼里只有树叶和扫帚。"比蒙大怒，近一两年来，他以为自己已经是美国妇孺皆知的体育明星，谁想连一个扫大街的老

人，都不把他看在眼里。比蒙拍着胸脯说："请你记住，我是比蒙，世界跳远冠军。"老人再次看看他，淡然一笑，说："我知道你是比蒙，你现在虽然是世界一号跳远王，但是，你破过世界纪录吗？你虽然是现在跳得最远的人，但并不代表以前是，将来也是。"

比蒙的脸一热，的确，在此之前，他的最好成绩只有8.33米，离世界纪录，差了0.02米。老人的话击中了比蒙的要害，因为比蒙的心中一直有个影子，那就是8.35米的世界纪录。这个影子像一块石头压在他身上，让他始终快乐不起来。

比蒙惭愧地低下头，然后向老人深深鞠了一躬，便离开了。

从那天开始，比蒙变得沉默了，他在公众场合很少说话，甚至很少和人谈论自己以前的成绩。当比蒙那颗傲慢的心收回来时，他又开始投入了正常的训练。他不再目空一切，而是始终盯着前面某个方向。因为在他的意识里，那里有一个影子，有一个他从未跨过的鸿沟。他要加强训练，跨越那道鸿沟。

1968年墨西哥奥运会的跳远资格赛开始了。比蒙站在了参赛队列中。他心事重重，表情木然，甚至连领队的话也没有听到。领队走了过来，问他："比蒙，你在想什么？"比蒙这才收回思绪，说："没什么。"领队说："我看你思绪不定，这样不好，你心里有什么包袱吗？如果有，就马上放下来，轻装上阵。"比蒙说："请放心，我没什么包袱，我准备很充分。"比蒙虽然这样说，心中还是有个阴影，那就是世界纪录的缠绕。他要打破世界纪录，跨越前方的鸿沟。也许正是比蒙急于求成，所以造成了他心态的不稳定。在前两跳中，比蒙都踏了线，到了第三跳，比蒙努力让自己平静下来，为了保守起见，他离线一点距离就起跳了。这一跳虽然只有 8.19 米，他还是顺利过了关。

在第二天的决赛中，比蒙的第一跳很慢，当时，他想平静自己的心，努力驱除心中的影子，暗想一定要超过它。

在万众注目下，比蒙起跑、踏板、飞身，像一道闪电划过墨西哥的低空，落在 8.90 米的位置。一个超过世界纪录 55 厘米的新的纪录诞生了，整个墨西哥城似乎都震动了。凭借这一跳，比蒙轻松地取得男子跳远冠军。

第二辑 启迪篇——看清自己的弱点

找到第二条路

| 感悟 |

　　一条路走不通，就走第二条，只要不绝望、不悲观，同样能登上成功的舞台。

　　保罗·纽曼是美国人，他的父亲经营着一家体育运动器材商店，没事时，保罗就在那些器材上玩耍。由于父亲的老客户中有几个是运动员，他们每次来都要给保罗带些小礼物，并鼓励他热爱运动。因此，保罗从小就喜欢体育项目。

　　在保罗少年时期，"二战"爆发了，保罗积极参军。那时，保罗非常想驾驶飞机遨游长空，但因为视力的问题，这个梦想没能实现。

　　退役后，保罗回到家乡，进入一所体育学院。每天，他积极训练，梦想着有朝一日能够走上赛场，摘金夺银。然而，在一场训练中，他不幸损伤了膝关节，医生摇摇头，告诉他："保罗，你的膝关节严重损伤，从今以后不能再从事体育运动了。"那一刻，他只觉得头脑一片空白。体育事业是他从小就树立的梦想，现在这个梦想突然破灭，叫他如何受得了。

　　出院的那天，他拄着棍子慢慢地离开病房，这段时间以来，医生和他有了很深的交情，于是出来送别。保罗说："大夫，你说我这样子回去还有什么意思？"大夫说："保罗，你不要灰心，世间的路可多了，第一条路不通，可以走第二条路，你现在这么年轻，人生还长着呢。"

医生的话使保罗心中一动："是啊，自从膝关节损伤以来，自己就失魂落魄，觉得此生再无意义，难道自己真的只有体育事业这条路可走吗？不，我要找到第二条路。"回到家里，保罗继续做康复训练，不久，他就扔下了棍子。行走正常后他走上街头，希望能够找到一条适合自己发展的道路。

那天早上，他正在大街上转悠，突然一张海报吸引了他。海报是某戏剧院的，他想了想，便去了剧院，一边观看表演，一边放松自己。渐渐地，舞台上那些演员吸引了保罗，他决定从事戏剧表演这条路。

于是，他加入了威斯康星州的一个剧目公司，后来，又进入耶鲁大学戏剧学院学习。不久，他签约演员电影公司，第二年在百老汇出演了舞台剧《野餐》。这一角色的成功，引起了华纳公司领导的注意，将其吸引进公司。从此，保罗踏入影坛。

1956年，保罗凭借电影《回头是岸》中的出色表演，一举成名，被称为"马龙·白兰度第二"。1958年，由保罗主演的影片《漫长的炎夏》再获成功，他本人也获得了戛纳电影节最佳外国演员奖。随后，保罗又凭借在《朱门巧妇》中细腻的表演和独特的风格，荣获了奥斯卡奖最佳男主角的提名。之后，由他主演的《江湖浪子》、《原野铁汉》、《铁窗喋血》三部电影，均给观众带来强大震撼，也使他三度获得奥斯卡奖最佳男演员的提名。

1986年，保罗和著名导演马丁合作，出演了电影《金钱本色》。保罗通过在片中出色的表演，荣获第59届奥斯卡奖最佳男主角奖，终于戴上了影帝的桂冠。

成功和失败

│ **感悟** │

　　成功和失败本身就是一对高低杠，不经过低杠，就上不了高杠，只有跨过了失败，才能成功。

　　她小时候，长得很胖，母亲担心她会因此患上某些疾病，所以就让她去体操馆训练。馆长说："她的体型不适合练体操。"母亲却说："我知道，她不是来练体操的，我只希望她能够在训练中，消耗一些能量。"

　　她十来岁时，已长得像十六七岁的少女，个子比同龄人要高出两头。练体操的条件要求身体娇小、柔韧性好、弹力好，可是这三项，她一项都不占。因此，一个基本动作，别人两三遍就完成了，她却几十遍也不能成功。体操馆的训练科目，是由基础逐渐向上递进的，一般按课时进展程度作出调整，她的迟缓接收显然影响了训练进度。有一次，馆长对她的母亲说："还是让她退学吧，因为她的存在，馆里的训练计划都完不成。"可母亲知道，一旦停下训练，她的体型会更糟，所以，母亲恳求馆长让她继续训练下去。

　　那一年，国家队的几位教练到馆里来选拔人才，其中就有著名教练鲍里斯·皮尔科林。馆长担心她会影响体操馆的形象，便把她叫到身边说："等教练们来到，你不要参加汇演，问起来，就说自己是一名场地清洁工。"她点点头，说："我知道了。"

当时，她的同学们一个个尽力展示着自己，希望被选入国家队。而她对体操没有多少兴趣，国家队对她来说，一点吸引力也没有。汇演那天，她站在场地的一角，始终表现得很平静。

等同学们都汇演完，馆长问几名教练，有没有合适的人选？有个教练看到她站在一边，便笑了，问馆长："她也是你的学生吗？"馆长忙说："不，她不是。"

本来，馆长以为随便应付一下，事情就会隐瞒过去，没想到一个叫布妮的学生却大声说："她是的，她天天都和我们一起训练。"布妮刚刚结束自己的汇演，被教练评价为基本功最差的学生，这使布妮大感羞辱。布妮自己不想做最差的学生，所以要拉她出来。

"是吗？"鲍里斯·皮尔科林问馆长，馆长只好点点头。鲍里斯·皮尔科林向她招招手，她走了过来。鲍里斯·皮尔科林说："你做几个动作看看。"她走到场地上，做了 5 个动作，有 3 个失败，另外的 2 个也不到位。鲍里斯·皮尔科林问其他教练觉得她怎么样，那几位教练都认为，她个头太高，不适合练体操。

鲍里斯·皮尔科林摇头说："我倒觉得她是个体操异才。"于是决定把她吸收进国家队。

其他教练劝鲍里斯·皮尔科林冷静下来再作考虑，鲍里斯·皮尔科林说："我现在就非常冷静。"

鲍里斯·皮尔科林坚持己见，将她吸收进国家体操队。但是接下来，在训练中，她始终表现得很平庸，在参加的所有比赛中几乎都失败了。体操界对她的非议越来越多，有人给她起

了个笨象的外号，极大地伤害了她的自尊心。一天，鲍里斯·皮尔科林将她叫到自己身边，对她说："有失败才会有成功，现在你要克服的不但是身体上的缺憾，还有心理上的障碍，知道吗？"

她沉默了半晌，突然抬头说："教练，从今天开始，我会好好练的，我要让他们看到，我不是一头笨象。"

鲍里斯·皮尔科林等的就是她这句话。他接着说："好。我分析过你的客观指标，身材修长是你的优点，恰恰又是你的缺点，因为在体操界，一个身体过高的人，很难在器械上完成高难度动作。不过，我想你会成功的，因为我相信自己的眼睛。"

之后，鲍里斯·皮尔科林对她的训练开始有了方向性，一是训练她身体的柔韧性和动作的美感，二是对她进行高低杠的专项训练。鲍里斯·皮尔科林不但是个教练，也常常充当一些国际国内赛事的裁判，清楚裁判的心理。印象很关键，她身材修长，恰恰能展示女性的曲线美。于是，在训练中，鲍里斯·皮尔科林给她加入了一些尽展躯体的动作，使她的姿态有视觉冲击力。高低杠几乎是一些体操运动员最为头疼的，因为她们大多身材娇小，在其他器械上可以尽展灵巧的一面，但在此项目上，就颇显不足了。而她由于身材修长，在高低杠间的腾越就显得自如。尽管每一个动作，她要练上几十次，上去摔下来，摔下来再上去，她从不需要陪练的助托，每次都坚持自己上杠。为了训练自己的柔韧性，她每天晚上要弯腰一个小时。由于超强的训练，她的腰多次受伤，甚至动过手术，但是，凭着坚强的意志，她一步步走上了成功之巅，成为一只在高低杠上展翅飞翔的凤凰。终于在1996年亚特兰大奥运会上，她获得高低杠冠军，4年后，又在2000年悉尼奥运会高低杠项目上卫冕。

　　她就是现代女子体操的形象代表、俄罗斯体操界的"一姐"霍尔金娜。

找准自己的路

| 感悟 |

　　歌德曾经说过，人生就像一次旅行，思想是导游，没有导游，一切都会停止。目标会丧失，力量也会化为乌有。因此，我们要找准自己的路，就像万里长征，虽历经千难万险，但总会到达目的地。

　　歌德，18世纪德国伟大的剧作家、诗人，创作了剧本《葛兹·冯·伯里欣根》、中篇小说《少年维特之烦恼》、诗剧《普罗米修斯》、《浮士德》等经典名著。除了创作和戏剧以外，歌德也曾尝试过走其他的路，比如律师、绘画、自然科学等。但是，没有一条路能像创作那样使歌德坚持下来。

　　少年时期，歌德喜爱上了绘画，曾梦想当一位著名的画家。大学期间，他学习的是法律，因此，毕业后曾做过律师，但是后来，他还是放弃了，因为律师职业不是他的所爱。放弃做律师后，歌德继续追求自己的最爱。他四处寻访绘画名家。有一次，他来到当地一位油画大师的家里，诚恳地说明了自己的来意。大师待人很和善，说："孩子，恭喜你走上这条道路，绘画是世间最高雅的行业，它不但可以愉悦自己，还可以愉悦别人。大千世界，芸芸众生，尽在笔底。"

　　从此，歌德就跟随大师绘画。在大师的言传身教之下，他的画技提升很快。一天，歌德画了一幅农场庄园的丰收景色，他很满意自己的作品，于是拿去给大师评阅。大师看后半晌没有回答。歌德问："先生，我画得怎么样？"大师轻轻地说："孩子，明天你回去吧。"歌德一愣："先生，您为什么要我走啊？"大师说："从你的画上看，这条路并不适合你走，如果你想做一个一般人就罢了，可是，我知道你是个有远大抱负的孩子，去走一条最适合你的道路吧。"歌德看着自己的画，怎么也找不到不足。他继续问："大师，您能帮我指出画的缺点吗？"大师说："你的画幻想成分太大，你把农场丰收的景色画得太轻松，丰收虽然是喜悦的，但是，农事是辛苦的。你只突出了丰收的喜悦，而从画中看不到背后农民的辛酸，也许这与你出身富家有关吧，只是，这样的画是没有意义的。"歌德叹息一声，将画收了起来。

回家后，歌德沉默了多日，他在想自己到底应该走什么路，什么路又是最适合自己的。空闲时，他也写一些诗歌消遣，文学创作是他的第二爱好，因此，他的文笔一直不错。有一天，一个朋友前来拜访，看到他的诗，惊叹地说："好，太好了，我从没见过这么好的诗歌，这是你写的吗？"歌德说："是我写的，你说它真的很好吗？"朋友说："真的太好了，语言好，也很有意境。"朋友虽然不写诗，却是一位颇有见地的文学评论者，他的眼光非常独到，因此，听到他的赞赏之后，歌德欣喜不已。

得到朋友的赞赏后，歌德眼前一亮，他似乎看到了一条金光灿烂的大道通向天边。从此，他认定了文学创作的道路，并坚定不移地走了下去。和一些成名的大家一样，歌德的文学路也不是一帆风顺的，他从一个低谷到另一个低谷，最终凭借自己的毅力和恒心登上了文学之巅。

逼出来的路

| 感 悟 |

古诗云："山重水复疑无路，柳暗花明又一村。"可见，很多人不是没有潜在的能量，而是没有被逼到绝路上。

1821 年 11 月 11 日，陀思妥耶夫斯基出生于莫斯科，他的父亲在一家穷人医院工作。父亲原本是个军医，退役后本指望到好的单位，没想到，竟然到了一个偏僻的地方。

工作上的不顺心，导致了父亲性格的变化，他常常酗酒闹事，不但同事难以忍受，甚至连陀思妥耶夫斯基也看不下去了。一天，陀思妥耶夫斯基的父亲喝多了酒，大骂着回到家里。陀思妥耶夫斯基忙把父亲扶到椅子上坐好，说："爸爸，你怎么又喝多，还骂人？"父亲说："我骂出来痛快。"陀思妥耶夫斯基说："骂人是不对的，你不是常教育我嘛，为什么自己不遵守？"父亲低声说："傻孩子，爸爸这样做是故意的，你喜欢爸爸一辈子待在这鸟不拉屎的地方吗？"陀思妥耶夫斯基挠了挠脑袋，问："这里有什么不好的吗？"

在陀思妥耶夫斯基看来，穷人医院也是个不错的地方，因为他常常去父亲的医院，闲来没事，他就和那些病人们聊聊天。穷人医院之所以称之为穷人医院，不但因为它位于荒郊野外，医院设施差，优秀的医生少，而且来这里的病人大多也是穷人。不过，陀思妥耶夫斯基觉得这些穷人很好，他们心地善良、待人和气。

有一次，父亲趁休息的时候，带着陀思妥耶夫斯基去了莫斯科。城市的环境的确比郊外好多了，连医院也更宽敞、干净。陀思妥耶夫斯基在里面跑来跑去，像进了宫殿一样。父亲说："看到了没有，爸爸就是想到这里来工作。"陀思妥耶夫斯基大声说："爸爸，你做得不对，你不该这样的，你只有好好工作才会有机会。"父亲没有想到这样的话会出自一个孩子嘴里，他苦笑着摇摇头，说："你啊，以后就知道给自己铺一条路了。"陀思妥耶夫斯基却固执地说："不会的，路是逼出来的。"父亲一愣："谁这么说的？"陀思妥耶夫斯基说："是一位老病人。他给我讲了个故事，说有个人在游泳池里学会了游泳，却不敢下河，后来一天，他正在河边出神，他的爸爸扮成一头老虎从后面扑过来，他见无路可逃，一下子就跳进了河里，并且游到了对面。老病人说：'水路也是路啊。'"父亲顿时无语了。

9岁时，陀思妥耶夫斯基突然患上癫痫病，他全身痉挛，精神错乱，嘴里也不停地吐着白沫。父亲吓坏了，虽然他自己是位医生，但到儿子生病时，竟然六神无主起来。后来，他的同事跑来，按住陀思妥耶夫斯基的四肢，慢慢地，儿子才稳定了下来。陀思妥耶夫斯基清醒过来后问父亲怎么了，父亲告诉他，他可能得了癫痫。陀思妥耶夫斯基的癫痫病几乎伴随了他一生，这种病随时都可能发作，即使父亲曾告诫他要多注意休息，多运动以缓解脑神经，可是，陀思妥耶夫斯基做不到，因为他后来走上了创作之路，休息再无规律，而且坐得更多，活动也更少了。

　　1845 年，陀思妥耶夫斯基创作了书信体短篇小说《穷人》，从此在文坛小有名气。1866 年秋天，陀思妥耶夫斯基的妻子和哥哥去世。陀思妥耶夫斯基因购买两处墓地而陷入窘迫的生活困境。一天，一位出版商找上门来，拿着几张欠单对陀思妥耶夫斯基说："这些都是你哥哥生前欠下的，他走了，我们只好来找你要债了。"陀思妥耶夫斯基哪里有钱抵债，他苦笑着说："您看我家里，还有什么值钱的东西吗？如果有，您随便拿。"出版商扫了一眼，说："如果你们家有值钱的东西，我早就拿走了，还能等到今天？这样吧，我给你一个限期，3 天，3 天后我再来。"出版商走后，陀思妥耶夫斯基陷入了苦恼之中。他在想，如何偿还哥哥欠下的这一大笔债务。后来，他不得不选择了外出。

　　陀思妥耶夫斯基来到了西欧，想找份工作积攒了钱再回去，谁想，出版商随后追了上来。无论他逃往哪里，出版商总能找到他。最后，当他逃到一条河前，出版商拦住了他的退路，说："今天我看你还往哪里逃。"陀思妥耶夫斯基说："我不是逃，因为我没钱，只好先找地方做工，等有了钱再回去还你。"出版商说："你不用找原因了，我倒有个主意，不知你肯不肯？"陀思妥耶夫斯基忙说："什么主意？"

　　出版商想了想说："我要你在一个月内写出一本 40 万字的小说，如果交出来，债务一笔勾销，怎么样？"陀思妥耶夫斯基大为头痛，一个月，他如何能写出 40 万字的小说来？他回头看看那条河，突然想起童年时老病人的话。是啊，路是逼出来的，既然逼到这地步，也只有走下去了。于是，陀思妥耶夫斯基答应了。

　　之后，他与助手一起，赶写原本正在构思中的《罪与罚》。这部辉煌的名著就是在这样特殊的写作背景下诞生的。

让力量像火山一样爆发

| 感悟 |

　　人的一生要面对一场场比赛。从同一起跑线上出发，为什么有的人成功，有的人失败？很多时候，我们缺乏一种爱，既缺乏对亲人的真情，又缺乏对弱势群体的关注。只有找到了爱的释放点，你才能迸发出力量，反败为胜。

　　2004 年 8 月 18 日，雅典奥运会女子 200 米蝶泳的决赛马上就要开始了，而走向泳池的波兰运动员奥蒂丽亚·杰德捷泽扎克却提不起精神来。

　　在泳池里，奥蒂丽亚是个进入状态很慢的选手。可谁都知道，在赛场上，0.01 秒的差距也许就会与夺冠无缘。而在这之前，波兰队还没有获得一块金牌，几乎波兰所有的教练和运动员都把希望寄托在奥蒂丽亚身上，领队不止一次给她打气，说："你一定要振作起来，为波兰人民拿下这块金牌。"

　　比赛开始了，无论是现场，还是波兰国内通过电视收看赛事的观众，无不关注着这场赛事。在奥蒂丽亚的对手中，有来自澳大利亚的选手托马斯，也还有来自日本的选手中西悠子，她们都是泳坛名将。果然，选手们一入水，托马斯就冲在前面。

50 米、100 米、150 米，眼看只剩下最后 50 米了，奥蒂丽亚还落在后面。看台上的队友都焦急地攥起了拳头，水中的奥蒂丽亚非常清楚自己的处境，时间每过一秒，她夺金的希望就少一分，如果她再不爆发，全波兰人的心将失落在泳池中。

这时，奥蒂丽亚想起了一封信。那封信是她来雅典之前收到的，写信的人是个孩子，孩子用稚嫩的笔迹对她表示了支持，并希望长大后能像她一样，在泳池里绽放青春，为国争光。当时，奥蒂丽亚看着那封信就哭了，因为那只是个无法实现的美好心愿，孩子患有白血病，生命即将走到尽头。想到这里，奥蒂丽亚再次被感动了，她咬着牙想，一定要拿下这块金牌，去资助患白血病的孩子们，让他们都能健康地活下去，并实现心中的梦想。

于是，奥蒂丽亚突然像一座爆发的火山，浑身充满了力量，她奋力游着，终于以 2 分 05 秒 61 的成绩获得了冠军，对手托马斯的成绩是 2 分 06 秒 36，两人相差微乎其微。

同样是奥蒂丽亚，2005 年 10 月 2 日，在离获得雅典奥运会冠军仅仅一年多的时间，她驾车在波兰首都华沙西北的高速公路上行驶时，为了躲避对面的车辆而撞在树上，年仅 19 岁的弟弟希蒙当场死亡，她也受了重伤。几乎被波兰法庭以过失杀人罪关进牢狱的奥蒂丽亚，就在波兰人民认为她的体育生涯有可能划上句号时，2006 年 3 月，她再次回到了泳坛，出现在匈牙利布达佩斯的欧洲锦标赛上。

虽然如此，观众还是为奥蒂丽亚捏了把汗，不仅因为担心她仍沉浸在车祸的影响中，还因为她的对手中有法国名将马努多。在和奥蒂丽亚同池竞技前，马努多已经在欧洲锦标赛上一人获得了 800 米自由泳、200 米个人混合泳、100 米仰泳三块金牌。

果然，比赛一开始，奥蒂丽亚便落在了马努多的后面。如果对手平平，也许观众还对奥蒂丽亚抱有希望，但是，奥蒂丽亚的对手是马努多，一个让世界上所有游泳运动员都不寒而栗的选手。

　　马努多是泳坛的奇迹，又有谁能在落后的情况下超越马努多呢？

　　赛程过半，奥蒂丽亚还落在后面，观众失望了，没有人再对奥蒂丽亚抱有信心。然而，就在这时，奥蒂丽亚再次爆发了。她像一支离弦的箭，突然划出一条银浪，在观众惊呆的目光中，超越了马努多，获得了女子 200 米自由泳的冠军。在这一届欧洲杯赛事中，奥蒂丽亚获得了两枚金牌，书写了体育史上后来居上者的神话。

　　回到波兰，有记者问及奥蒂丽亚，她超越马努多的力量是从哪里来的。奥蒂丽亚说她想到了弟弟，她不但没有给过弟弟更多的爱，还亲手葬送了他年轻的生命，她要让胜利来告慰弟弟的在天之灵。

第二部　启迪篇——看清自己的弱点

放大你的对手

| 感 悟 |

　　一个人若看不到对手的强大，往往会放松自己，只有不断地放大对手，才会激发出拼搏向上的勇气。

　　米尔德丽德·迪德里克森从小就是一个聪明的孩子，从小学一直到初中，她的成绩几乎都在前三名。十几岁时，她在一所中学读书。迪德里克森见同学们一个个少言寡语，有几个甚至像笨猫一样，不免有些轻视。

　　每周一，班里会组织一次益智游戏，迪德里克森每每不屑与同学们为伍，就一个人跑到草坪上睡大觉。每周三，班里让同学们举行对手赛，同学之间互相竞技，意在取长补短、共同提高。迪德里克森认为没人是她的对手，所以也常常一个人坐在教室的一角。

　　第一学期快结束时，班里组织了一次选拔赛，成绩前五名的学生可以参加全市的竞赛。考试前一天晚上，父亲见迪德里克森还在玩，就问她："明天要考试了，你怎么不温习一下功课？"迪德里克森毫不在乎地说："放心吧，我会轻松拿第一的，那些同学呆头呆脑的，我根本没放在眼里。"

　　选拔赛是上午九点半开始的，限时一个半小时。迪德里克森进入考场后，旁若无人地填写着答案，她只用了40分钟就完成了试卷。当然，上面有几道题她并不知道解法，但她却认为其他同学也不会。看着埋头考试的同学们，迪德里克森暗笑："一个个还在磨蹭什么，我都不会的题，你们这些笨猫能会吗？"

谁知，成绩出来后，迪德里克森却傻眼了，因为她的名字只排在中间，而她眼中的几个"笨猫"，有四个进了前五名。

放学后，迪德里克森没有回家，她一个人在空荡荡的教室里，望着墙上的榜单发呆。

这时，著名的教育学家迪卡走了进来，向迪德里克森招招手，说："跟我来吧。"迪卡把迪德里克森带进了益智厅，说："在我记忆中，你从没有进来过吧？"迪德里克森点点头。迪卡说："益智课虽然可以自由活动，学校不限制你的兴趣爱好，但是你看看这里面，哪一件东西不能引发你的求知欲？"迪德里克森看了看，益智厅有80平方米左右，四周摆着一些奇形怪状的实验器具，有星系架，有机器模型，有三角尺几何图等等。迪卡指着门边的两个黑色砝码说："你提起它们试试。"迪德里克森上前一手一个，左手的轻轻松松就提了起来，而右手的那个却纹丝不动。迪卡说："这两个砝码外形虽然一样，质地却不同，你轻轻提起的这个，是石膏的，没有提起的这个是花岗岩的，它们都刷了黑漆，所以肉眼是无法分辨的。你那些同学也像这无法分辨的花岗石一样，其实他们并不弱小。"

从此，迪德里克森无论面对谁，都竭尽全力应对。一直到后来，她进入田径队训练，无论是同队友竞技，还是外出参赛，从不轻视任何人。也正因此，她才不断督促自己进步，唯恐败在谁的手下。1932年，迪德里克森在美国田径运动会上一鸣惊人，同年的洛杉矶奥运会上，她一举夺得标枪和跨栏的金牌。

看清自己的弱点

| 感 悟 |

　　往往，我们看到别人在某一领域成功时，就会想要效仿着走下去。其实，每个人都有适合自己走的路，只有看清自己的弱点，才能杜绝盲目随从。

　　美国电影界的科波拉家族，如同政治界的布什家族一样有名。

　　索菲亚·科波拉的父亲是好莱坞大牌导演弗朗西斯·科波拉，而她的堂兄，则是著名影星尼古拉斯·凯奇。这两个人，一个曾经获得过奥斯卡最佳导演奖，一个曾经获得过奥斯卡最佳男主角奖，《教父》这部电影史上一部伟大的作品便是弗朗西斯的作品。生长在这样的家庭里，很多人以为索菲亚的星路会少一些坎坷，甚至可以说平步青云。然而，事实并非如此。

　　的确，尚在襁褓中的索菲亚就成了《教父》中的"道具"。2岁时，父亲安排她在《教父Ⅱ》中饰演一个玩耍的儿童。8岁时，她出演了《斗鱼》、《局外人》等影片。18岁时，索菲亚又被父亲安排在《教父Ⅲ》中。然而，多年来的演艺生涯虽然一帆风顺，但索菲亚并没有找到电影表演的感觉。反而她幼稚的演技被观众批得体无完肤。接下来，索菲亚又接拍了《星球大战前传Ⅰ》，她仍然没有找到表演感觉，观众再次向她吐口水。面对压力和指责，索菲亚终于认识到自己并不适合做演员。父亲给了她一个良好的电影环境，却没有激发出她体内的表演潜能，她知道，自己远不如那些经过磕磕绊绊走上银幕的明星。他们虽然没有自己这么幸运，却在跌跌撞撞中磨炼出了优秀的演技。

做不成演员，自己能做什么呢？她突然发觉，这些年来，自己虽然在演技上表现不佳，但跟随在父亲身边，耳濡目染，对如何执导电影有了比较成型的思路。尽管这些能力是近几年慢慢形成的，但索菲亚在一味追求演员路时，却忽略了它的存在。而现在，当她看清了自己的弱点时，同时也就发现了自己的优点。

1995 年，索菲亚被一部名为《处女之死》的小说吸引了，小说流露出的青春期女孩内心深处的忧伤让她感触颇深。于是，她用了 4 年的时间，把小说改编成剧本，并担当了此片的导演。

电影《处女之死》一公映便震惊了世界影坛，索菲亚也因此荣获了"好莱坞最佳年轻导演奖"。

索菲亚的导演欲望被激发到了巅峰，几年后，她又主导了《迷失东京》，这部只拍了 27 天的电影再次轰动了世界影坛，成为当年最受瞩目的电影之一。该片获得了巨大成功，囊括了奥斯卡金像奖最佳原创剧本奖和其他四项提名，以及威尼斯电影节最受欢迎影片奖，金球奖最佳电影剧本奖，美国"独立精神奖"最佳影片、最佳导演、最佳电影剧本和最佳男主角四项大奖。

索菲亚的导演之路并没有停止，2006 年，她的《绝代艳后》诞生了。这部豪华巨作，为索菲亚捧回了奥斯卡最佳服装设计奖。

说到就要做到

| 感 悟 |

　　说大话不是一个好习惯，但如果一个人连说大话的自信都没有，也不会有大的成就。因此，我们不妨把"大话"当成奋斗目标，时刻提醒自己，去实现它，让"大话"变成现实。

　　昆汀·塔伦蒂诺是美国电影界的怪才，也有人称其为鬼才。他的电影常常以暴力为主题，挑战着观众的思维和欣赏视角。

　　昆汀之所以会走上电影这条道路，与他的父母有关。昆汀的父母都是电影爱好者，父亲甚至曾经梦想成为一位电影演员。然而，生活中的一些变化使父亲不得不放弃了自己的梦想，而将期望寄托在儿子身上。昆汀两岁时，随父母迁到洛杉矶居住。在那里，父母一有时间就带他去影院。中学毕业后，昆汀在一家录像带租赁店工作。店里成百上千的录像给昆汀提供了良好的学习机会，他每天除了接待顾客外，就坐在放像机前，观看电影的同时也细心揣摩其结构、创意、主题等。昆汀有个朋友叫罗杰，他们性情相投，都喜欢电影。他俩一边观看一边讨论，有时甚至还对一些巨星参演的大片指指点点，评点完后两人哈哈大笑。经理听到后连连摇头，说："你们啊，真是年轻脑热，不知天高地厚，巨星是你们可以批评的吗？你们能看得出什么叫好坏？"

昆汀反驳道："难道巨星生来就是巨星吗？他们是人，咱们也是人，为什么咱们不能批评他？"经理哑口无言。昆汀便继续说："我不但要批，还要给他们创作剧本，以后就让这些巨星来演我的作品。"经理长叹一声，说："你啊，真是个爱说大话的人。"昆汀说："说大话有什么错？总比把巨星奉为神明的观众好。"

其实，昆汀确实是在说大话。好多优秀影片，他一开始真的看不出优秀在哪里，就一口一个"一般"，或者"太差了"。他甚至说："这么差的电影也能获奖，评委都吃错药了吧！"可等他连续看了几次后，才渐渐看出门道来，原来影片隐藏着一些深层的意义，只不过他的注意力只在表象上，没能窥探到深层意义。昆汀几乎想把自己的嘴巴封起来，他有些后悔以前说过的话。不过，随即他胸脯一挺，便坦然了。心想说到就要做到，怕什么，以后一定证明给世人看。之后，昆汀再看影片时，就不妄言了，一部作品要是看不到三遍，决不随便评论。

昆汀观影久了，自然萌生创作的欲望。1986年，昆汀和朋友开始试着拍摄短片。有了制作经验后，他连续创作了两部电影剧本，一部是《真实的浪漫》，另一部是《天生杀人狂》。昆汀逢人便说自己的剧本如何优秀，绝不逊色于任何一部奥斯卡获奖作品。当然，他说他的，听的人少，信的人更加没有。

除了制作电影和创作剧本外，昆汀也不断寻找演出的机会。那几年，他接连出演了《黄金女郎》、《死亡的黎明》、《李尔王》等剧，虽然都是些小角色，不过他也满足了。

1991年，昆汀决定开拍自己创作的剧本《水库狗》。这部剧本是他的呕心沥血之作，他自认为要超过上两部。通过与著

名演员哈维·凯特尔的关系，昆汀获得了影视娱乐公司 130 万美元的投资。1992 年，《水库狗》首映后引起了巨大轰动。随后，昆汀又创作了剧本《低俗小说》，停笔的那一刻，他拍着桌子，认为这将是世上最优秀的作品！

果然，充满暴力的电影《低俗小说》，在戛纳电影节上一举击败《红色》、《毒太阳》、《活着》等多部大作，使昆汀将金棕榈奖捧在手中。随后，该电影又在奥斯卡金像奖、金球奖等评奖晚会上狂揽奖杯，而电影《低俗小说》的巨大成功，也将昆汀推上了世界电影的顶峰。

做一个勇敢的"叛逆者"

──┤感悟├──

　　海涅，一个家庭的"叛逆者"，正是由于他不肯服从于父亲及叔父的安排，才走上了自己喜爱的道路，并最终成为继歌德、席勒之后德国文学史上最杰出的诗人。

　　1797 年 12 月 13 日，海因里希·海涅出生于德国杜塞尔多夫的一个商人家庭。他童年时期正值拿破仑战争，才两岁的海涅每天都能看到大批军队驻扎在莱茵河畔，这在无形之中锻炼了他的胆量。

　　海涅的父亲是个商人，因此，父亲在海涅很小的时候就给他灌输从商的理论。而海涅却喜欢那些英雄骑士们，梦想着自己能走上战场，在一片片喊杀声中冲锋陷阵。一天，拿破仑的队伍又闯了过来，父亲拉着他的手说："孩子，快去你叔父家躲一躲，要打仗了。"海涅欣喜地说："真的啊，那太好了！"说着，他挣脱父亲的手就往外跑。父亲吓得脸都白了，慌忙抱起他。海涅说："你为什么不许我去？我长大了要参军呢。"父亲低声说："以后不许提参军，当兵有什么好的，那可是玩命的事，还是跟爸爸卖布料吧。"海涅的父亲最近收购了一批布料，他正积极地游说部队上的军官，希望能够大发一笔。第二

第三辑 启迪篇——看清自己的弱点

天早上，海涅还在睡梦中，突然被一个破锣似的声音吵醒了。海涅往窗外一看，只见一个军官正指着父亲大骂，而父亲低头哈腰，不敢言语。官兵说："一批布料就要这么多钱，你宰人宰到部队上来了，是不是脑袋不想要了？"父亲赶紧赔礼道歉："对不起，是我不好，价格再低一成好了吧？"军官推了父亲一把，说："不行，再低三成。"海涅跑了出去，大声说："喂，你凭什么推我爸爸？"军官一抽腰间的佩刀，见是个小孩，又把刀归了鞘。军官说："小孩，这是大人和大人谈的事，你少插嘴。"父亲也忙把海涅往身后拉，一边对官兵说："对不起，实在对不起，孩子不懂事。"海涅却探出头来，向官兵说："当兵就了不起了吗？哼，不许你欺负人。"海涅本来还非常崇拜军人，但见这个军官如此野蛮，顿时心凉了半截。父亲见海涅如此放肆，不禁吓坏了。军官哈哈一笑，说："小朋友了不起，算了，就按你的价格，待会儿把货送过去吧。"

这笔货，让父亲赚了不少，一整天他都乐呵呵地像突然年轻了几岁一样，而且还不停地借此教育海涅："孩子，看见了吧，还是从商好，有了钱就有一切。"海涅撇着嘴说："不见得，说不定哪天你全赔进去。"父亲气得一抬手，骂道："你这孩子！"想想儿子毕竟为自己立了一大功，因此，父亲又放下了手。

海涅的话果然应验了。几年后的一天，父亲的一批货物全部被骗。这样一来，家境顿时惨淡了。海涅学着大人的口吻，叹道："这下可怎么办呢？幸亏我没有和你学经商。"海涅不喜欢经商，倒是喜欢上了创作。他的母亲是位很有文学素养的女人，在母亲的影响下，海涅渐渐地爱上了诗歌。海涅本来想四处游历，拜访名师，专攻诗歌。谁知，父亲并不支持他走这条路，而是逼他进入叔父的银行里工作。

叔父财大气粗，而且与自己的侄子性格不投，因此两人常常发生口角。在银行里，海涅像牛一样工作，到了叔父家，他还像奴隶一样被使唤。他不止一次给父亲写信，希望让他回去，可是，父亲不同意，让他务必老老实实地待在叔父身边。

1819年，忍无可忍的海涅决定做一个叛逆者，他在一次顶撞了叔父后，愤然离去，前往波恩大学学习。在波恩大学，海涅认识了在文学上有一定造诣的施勒格尔，并拜在其门下，专心学习文学创作理论和诗歌。同时，借助于大学这块土壤，海涅多方汲取了一些名家作品中的营养，其中就有歌德、拜伦等伟大诗人的作品。

1822年，海涅出版了第一部诗集。1827年，他将自己的抒情诗整理在一起，以"歌集"出版，在文坛尤其是诗歌界引起了轰动。为了不断提升自己的创作水平，拓展视野，1830年法国七月革命爆发后，海涅来到巴黎，从而结交了大仲马、乔治·桑、巴尔扎克、雨果等一批颇有影响的作家。1843年底，海涅在巴黎会晤了马克思，随着思想上的飞跃，他的诗歌境界也有了飞跃。之后，他又创作了《新诗集》，将诗歌与时代脉搏融合在一起，对大革命起到了积极的推动作用。

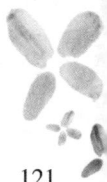

做真正的斗士

┤ 感 悟 ├

　　真正的斗士不为一己之私，而是为了全民族的利益。这是老师影响拜伦一生的话。虽然，拜伦的一生很短暂，但他留给世界的斗士精神，以及他那些伟大的诗篇却是永恒的。

　　1788 年 1 月 22 日，乔治·拜伦出生于伦敦的一个勋爵家庭。由于他天生跛足，所以，常常受到周围人的歧视。

　　有一次，拜伦从阿伯丁学校放学归来，还没到家门口，突然听到三个男孩在窃窃发笑。拜伦听到对方在说着"瘸子"的字眼。他转过头去，盯着那三个男孩。虽然拜伦看得出他们都比自己大上一两岁，但是，他心中毫无畏惧感。拜伦冲了过去，问道："你们刚才在说谁!"一个男孩说："谁瘸我们就说谁!"拜伦一拳砸向那个男孩，顿时将对方的鼻子打出了血。另两个男孩一看都扑了过来，一个按拜伦的胳膊，一个抱他的腰。抱腰的男孩朝受伤的男孩说："快，打他，狠狠地打。"拜伦虽然有满腔的怒火，却也无法挣脱两个孩子的挟持，因此，他的身上、脸上挂满了伤，最让他感到耻辱的是他跛脚的那条腿也受伤了。后来，幸亏路人把孩子们分开了。等拜伦爬起来，三个男孩已经跑没影了。

从那天开始，拜伦心里一直窝着一股火，他每次上学，腰里都插着一把短剑。一天，母亲为他请了一位家庭教师，专门教他历史和拉丁语。拜伦经常请老师讲一些罗马、希腊的历史英雄人物，幻想着自己某一天也成为故事中的斗士。老师发现他每天带着短剑，一开始还以为他有英雄主义倾向，后来，在拜伦自言自语时，老师听到了他的复仇计划，于是，他耐心地对拜伦说："孩子，你这样做是危险的。"拜伦说："为什么，他们打了我，难道我不能报复吗？"老师说："私人恩怨都是小事，老师给你讲的那些大人物，哪些是为了私人恩怨啊？他们之所以被后人称为英雄，是因为他们的行为已经超出了个人恩怨，他们为了人民、民族、国家而奋斗，所以才被人景仰。像你这样做不但成不了大英雄，还会被国法制裁，被国民嘲笑的。"

　　拜伦听后便渐渐地放下了心中的个人恩怨。

　　1798年，拜伦的叔祖父去世，按照爵位世袭制，拜伦便成了第六代勋爵。几年后，拜伦进入哈罗公学就读。在哈罗公学，拜伦渐渐彰显了其诗歌方面的才华。1805年，拜伦从哈罗公学毕业，进入剑桥大学。在大学里，他博览群书，对社会有了充分了解。当时，法国大革命影响了各国人民，多地爆发了工人暴动和农民起义。拜伦的热血也沸腾了。为了参与这场轰轰烈烈的大革命，1809年，刚刚21岁的他四处游历演说。他先来到葡萄牙的里斯本，又去了西班牙的塞维利亚、加的斯，随后经过撒丁岛、西西里岛来到阿尔巴尼亚、希腊雅典。

　　拜伦四处游历，目睹了各国的政治制度和人民生活，看到了被土耳其铁骑蹂躏的希腊人民的苦难生活。途中，他愤慨地创作了《恰尔德·哈罗德游记》第一章。

　　1811年后，英国爆发了"卢德运动"。拜伦以议员身份发

表演说，为破坏机器的卢德派工人辩护，抨击政府的血腥镇压政策。这为拜伦赢得了极高的声誉。用他自己的话说，那就是"早晨我一觉醒来，发现自己已经成名，成了诗坛上的拿破仑"。

拜伦的确是文坛的斗士，他用斗志写成的《唐璜》一书影响了一代又一代人，塑造了一批又一批"拜伦式英雄"。

最大的敌人

┤感悟├

　　人最大的敌人是自己，确切地说，是自己薄弱的意志。当你的意志力薄弱下来，再小的困难也会变成高山，当你的意志力强大起来，再大的困难也会变成平地。

　　有一个男孩，每天早上和父亲一起练习长跑。

　　男孩的父亲是一位退役运动员，虽然他没有在体育事业上取得骄人的成绩，但是，他希望儿子能够继承自己的事业，在长跑项目上出人头地。

　　这天，父子俩顺着小区外面的道路开始跑。跑了差不多 3 里路后，男孩问："爸，咱们是不是该回去了？"父亲说："不，今天加跑 3 里。"加跑 3 里，等于跑 6 里，再跑回去，等于 12 里。12 里是男孩平时训练强度的一倍。男孩一听就不高兴了。他说："爸，我跑不动了，咱们回去吧。"父亲严厉地说："不行。"男孩说："为什么今天要跑这么多啊？"父亲说："不止今天，以后每天都要跑这么多。"男孩嘟着嘴，怨愤地说："可是，我真的跑不动了啊，要不咱们找地方休息一下吧。"父亲转头瞪了男孩一眼，没有说话，而是用行动代替了语言。

　　男孩见父亲没有停下来，只好在后面跟着。又差不多跑了 3 里路，已经达到了平时 6 里的训练量，男孩突然一屁股坐在

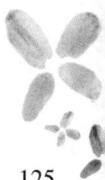

地上。于是，父亲只好停了下来，沉声说："你怎么不跑了？"男孩说："已经跑够 6 里了，我跑不动了，爸，要不，你背我吧。"父亲明显看出，儿子并没有到体力的极限，他只是不肯跑。不过，父亲并没有将儿子拉起来，而是坐在儿子身边。他望了望远处的流云，问："儿子，你看过《王屋山下的传奇》这部电视剧吗？"男孩说："看过啊。"父亲点点头，又问："那你知道它里面说了些什么事吗？"男孩说："好人和坏人啊，愚公是好人，智叟和山神是坏人。"父亲摇摇头，说："电视剧并非只告诉你谁是好人和谁是坏人，还会有其他的道理。两千多年前，大轵国的石缝村被太行山、王屋山两座大山围困。愚公苦于家乡受高山阻隔，祖辈饱受封闭和贫穷之苦，于是动员全家移山开路，为子孙后代打通一条致富之路。然而，任何事业都不会一帆风顺，在愚公移山的过程中，他受到了智叟及山神等人的阻拦，连生命都受到了威胁。但是，再大的危险也没有动摇愚公移山的决心。终于，愚公的行为感动了玉帝，玉帝命大力神将一座山背到朔方东部，一座山背到雍州南部。从此，愚公的壮举名扬千古，愚公精神也流芳百世。其实，愚公最大的敌人不是智叟和山神，而是自己，正因为他始终没有让意志倒下，才最终成为胜利者。爸希望你有愚公的顽强意志，只有这样才能有所成就。"男孩一听，咬咬牙站了起来，说："爸，咱们继续跑。"

说着，男孩率先向前跑去。望着儿子的背影，父亲笑了。这一跑，父子俩又向前多跑了 2 里，才折回来。

从此，无论风雨霜雪，严寒酷暑，父子俩每天凌晨都要跑至少 5 公里。

几年后，在全市青少年田径运动会上，男孩勇夺 5 000 米和 10 000 米长跑两块金牌，一时成为许多少年崇拜的偶像。

你的救命稻草在哪里

| 感 悟 |

　　谁才是你的救命稻草？答案是自己。只有平时将本领学好，才能应对一切意想不到的困难。

　　有两个少年一起学习游泳。

　　一天，师父将他们带到一条浅河边，说："你们下去试试吧。"甲少年看了看河水，胆怯地说："师父，水是不是很深？"师父摇摇头："不，这是一条浅河。"甲少年还是不敢下去，他说："师父，要不咱们先在岸上学动作吧，等以后再慢慢实践。"师父说："那怎么行？光学理论不实践，你永远也不会游泳。"

　　甲少年只好下了河。当然，由于害怕，他是抱着一块木头下去的。乙少年则比甲少年勇敢得多，他慢慢地溜到河里，试了一下，发现果然和师父说的差不多，水很浅。于是，他便按照师父教的游泳要领，在河里游了起来。

　　师父看看乙少年，对甲少年说："你把木头抛了吧。"甲少年犹豫了半天，还是没敢抛开，他说："师父，就让我先熟悉一下环境，以后我会慢慢抛开木头的。"

　　一晃三个月过去了。师父又带着两个少年来到另一条河里。这条河比上一条河要深一些，不过最深处水也只到脖子的

位置。

师父对他们说:"你们下去游吧,水并不深。"乙少年率先下去了,甲少年却犹豫不决。师父问他:"你怎么还不下去?"甲少年讷讷地说:"师父,河水真的不深吗?"师父说:"当然啦,你们还没学会游泳,我怎么能拿你们的生命开玩笑?"甲少年又磨蹭了一会儿,终于下去了。当然,他还是抱着一块木头下去的。

师父等甲少年来回游了一圈后,问:"怎么样?水不深吧?"甲少年说:"真的不深。"师父说:"那就把木头抛了吧。"甲少年一听忙说:"师父,我先熟悉几天吧。"

半年后,师父将他们带到一条大河里。这条河不但水势比以前的急,而且宽了许多。

甲少年一见就慌了,问:"师父,这是不是黄河啊?"师父摇摇头:"黄河的气势比它还大。"

甲少年问:"那河水深不深?"师父说:"深浅不一。"甲少年一听脸色就变了,讷讷地说:"师父,我今天肚子疼,要不别练了。"师父看了他一眼,说:"想学会游泳就得先学会吃苦,别装了,练吧。"甲少年只好慢吞吞地下了河,当然,他还是抱着木头下去的,而且自始至终紧紧地抱着,一点都不敢松开。

乙少年已经掌握了踩水的技巧。师父问他:"深的地方要没了顶,你有把握吗?"乙少年点点头,说:"师父,您放心吧,我没事的。"说着,乙少年就下了河。师父不放心他们,也换了游泳衣随时准备接应。

乙少年踩着水,游了几个来回。师父点点头,说:"不错,有进步。"甲少年一听忙问:"师父,那我呢?"师父淡淡地说:"你啊,要想进步就必须抛开手中的木头。"甲少年忙说:

"那不行，它可是我的救命稻草啊。"师父微微摇头，不再说话。

一晃，一年过去了。师父带着甲乙两位少年来到了黄河边。望着咆哮的河水，师父问："你们敢不敢下。"甲乙两位少年几乎同时回答，但答案不一样。甲少年说的是"不敢"，乙少年说的是"敢"。乙少年回答完毕后就纵身跳了下去，虽然黄河水波涛汹涌，滚滚不尽，但是，乙少年熟练地运用着游泳技巧，很快就游到了对岸，接着，他又像一条灵巧的鱼游了回来。师父嘉许地看看乙少年，又转头看着甲少年。甲少年忙说："师父，我今天小腿不对劲，您就别让我游了，万一在河里抽了筋就糟了。"师父叹道："你这样子是永远学不好游泳的。"甲少年只好说："要不，我还是抱着木头下去吧。"师父叹道："你今天可以抱着木头，明天可以抱着木头，难道你想一辈子抱着木头？如果哪一天你突然遭遇了海难，而大海中没有任何木头可抱，你怎么办？你的救命稻草在哪里？"甲少年骇然。

从此，甲少年像乙少年一样，甩掉木头，认真练习。几年后，甲少年和乙少年在全市游泳比赛中每人获得了一块金牌。

129

再坚持一下

| 感 悟 |

　　世上的事，无论有多困难，都怕坚持二字。再坚持一下，是告诉我们，无论做什么，只要不放弃，不退缩，就一定能够成功。

　　山上住着一位得道高僧。一天，来了一胖一瘦两个少年，向高僧寻求人生之道。高僧给了他们一人一把镐头，半袋种子，说："在山前和山后的半坡上找一片空地，把它们种下去吧。"

　　走向山后的是瘦少年。来到空地后，瘦少年拿起镐头干了起来。地很坚硬，一镐头下去，有时只能划出一道白痕。但是，瘦少年并不放弃，他一镐头一镐头持续地开垦着，到太阳快下山时，地终于翻了过来。瘦少年撒下种子，埋了土，从沟渠里提来水，浇灌完毕后回山复命。

　　走向山前的是胖少年。胖少年来到空地后，也拿起镐头开始干了起来。山前的地和山后的地同样坚硬，一镐头下去，很多时候也只能划出一道白痕。胖少年皱了皱眉头，扛起镐头就到别处去了。走了一会儿，他又看到一片空地。胖少年举起镐头便开垦起来，可是，地仍然很坚硬。胖少年镐了几下，胳膊就麻了。他再次皱皱眉头，扛着镐头提着种子去了别处。走了不远，胖少年又来到一片空地上。他自言自语地说："这里总不会那么坚硬了吧。"胖少年朝掌心吐口唾沫，开始干活。地还是很坚硬，胖少年只镐了几下又提着镐头走人了。如此转来转去，一直到太阳落山，胖少年也没有开垦出一片地来，当然，种子也没有埋下去，他只好扛着镐头提着种子回到山上。

高僧见两个少年都回来了，便问瘦少年："你完成任务了吗？"瘦少年点点头。高僧看看胖少年手中的种子，说："看来，你的任务没有完成。"胖少年说："是的，可这能怪我吗？山前的地都太坚硬了，我转了一天也没找到松软的土质。"高僧转头问瘦少年："那山后的土呢，是不是很松软？"瘦少年说："不，也很坚硬。"高僧问："那你是怎么做到的？"瘦少年说："我只是一镐一镐地开垦下去，虽然地很坚硬，但坚持下来后，最终还是把地开垦完了。"

高僧微微一笑，说："好了，明天你们可以下山了。"

胖少年忙说："大师，您还没有指点我们人生的道理呢？"高僧摇摇头说："其实你们都已经找到了答案，人生和开垦土地是一样的。"

几年之后，两位少年高中毕业，瘦少年考进了北京一所有名的大学，而胖少年也被省城一所重点大学录取。

对于瘦少年的成功，没有人会怀疑，因为他一直就是认真学习的孩子，而对于胖少年，许多人包括他的家长都觉得不可思议，认为他能考进重点大学简直是一个奇迹。多年之后，在一次同学聚会上，已经是某企业老板的胖少年说起了当年上山求教的事情，他说，如果不是那位高僧的点化，至今他肯定还碌碌无为，一事无成。

把好手中的方向盘

| 感 悟 |

　　人生是否能够取得成功，最主要的便是选好方向。一旦明确了方向，就要把好手中的方向盘，毫不动摇地朝着它行驶下去。

　　他从小就喜欢四处游玩，由于他的父亲是个司机，因此，他常常坐在父亲的车上去郊外兜风。

　　一天，他又跟着父亲出发了。汽车行驶在城市通往郊区的路上，他落下车窗玻璃，让清凉的风吹拂着自己的脸。CD机里播放着欢快的音乐，他不禁跟随音乐哼唱起来。

　　父亲说："孩子，如果你喜欢音乐，爸就把你送进音乐班吧。"他说："好啊，我真的喜欢学音乐呢。"

　　果然，没几天，父亲就带着他去音乐班报了名。从此，他每周六、周日前往青少年文化宫学习音乐。一晃两个月过去了。这天，父亲出车回来，突然看到他坐在沙发上看漫画小说。父亲说："孩子，今天不是周六吗？你怎么没去音乐班？"他说："爸，我觉得音乐一点意思也没有，不想学了。"父亲瞥一眼他手中的漫画小说，问："那你想学什么？"他抖了抖手中的书，说："我想学绘画，爸，你给我报名去吧。"父亲说："好吧，如果你喜欢，爸支持。"于是，父亲又带着他去青少年文化宫报了绘画班。

谁知，没过多长时间，他又不想学了。他对父亲说："爸，绘画也没意思，我想学电脑，要不你给我报微机班吧。"父亲沉默了半晌，说："孩子，爸看你现在脑子有些不清醒，无论你以后学什么，都先跟爸出去兜兜风吧。""好啊。"他高兴地说。

父亲带着儿子开车去了郊外，一直到中午，他们才返回。回来的时候，父亲似乎得了健忘症，他开着车，左转右转，老是往乡村的公路上去，转来转去，直到下午三点多，还在郊区里。他提醒道："爸，你是不是把方向搞错了?"父亲说："你也看出来了? 是方向不对。"说着，父亲突然精神一振，把好方向盘，很快就将车开回了城。

回到家里，父亲说："孩子，你明白爸的意图了吗? 其实，一个人可以有多个爱好，但要有主次，因为道路再多，也只能走一条，否则就像咱们在郊外一样，转来转去也回不了家。"

他明白了父亲的苦心，第二天又回了音乐班。从此，他努力练习，有时凌晨 5 点就起来练习发声，晚上一直练到半夜。功夫不负有心人，几年后，他在一次青少年声乐大赛中获得了金奖，被周围的人称为"小音乐家"。

不屈的腿

| 感 悟 |

　　不要让崎岖不平的路阻碍前进的脚步，平坦的路磨炼不出坚强的双腿，只有不屈的意志才能引领你走向成功。

　　山脚下住着一位神医，医术高明，方圆数百里，无人不知。

　　有一天，一个少年前来拜师。神医摇摇头，说："学医太过辛苦，你还是回家去吧。"少年说："先生，我不怕辛苦，求求你收下我吧。"神医问他："世上有无数的行业，你为什么要学医？"少年说："世上行业虽多，但医生是最高尚的啊，治病救人，为百姓传诵，这样才算不白活。"神医点点头，说："好吧，我收下你。"

　　自此，少年留在神医身边。一个月过去了，神医只是让他帮着晒晒药草，或者捣捣药，很少教他什么。又一个月过去了，少年见神医始终不肯教他，忍不住发起了牢骚："师父，您为什么这样对徒弟？"神医问："师父怎么了？"少年说："徒弟来了两个月了，您却一点知识都没教，难道您还信不过我吗？"神医摇摇头，说："为师不是信不过你，而是在磨炼你，须知学医不只是医书上的知识，还要学会吃苦？""吃苦？"少年问，"学医也要吃苦吗？又不是耕种。"神医说："学什么不需要吃苦呢？师父当年学医时，曾走遍了千座山，这两条腿不知摔伤过多少次。学医的，首先要学会采药，不采药，怎么治病救人？可是，药草大多在山上，采药也是一个接受磨炼的过程，不磨炼怎么能成合格的医生。"

"哦。"少年挠挠头，不说话了。从此，他闷头干活，很少叫屈。

一天，神医终于答应教他医术了。神医给了他一本医书，让他先熟悉一下药草的药性、形状等等。

半年后，一本医书翻完了，少年说："师父，你可以教我更高深的医术了吧？"神医笑了笑，说："别急，你还得磨炼，从明天开始，你去山上采药吧，就按医书上所讲的，先学会认识药草。"少年只好答应了。

山路崎岖不平，少年爬了几天后就不想再爬了。之后，神医再让他上山采药，他就找个山洞躲起来睡觉。一天，少年在山洞里睡得正香，突然听到外面传来神医的喊声，他慌忙跑出来，只见天正下着雨。这一睡竟然到了下午。神医看到了少年，高兴地说："孩子，你没事就好，下这么大的雨不回家，师父还以为你……"正说到这，神医脚下一滑，突然一跤跌倒。少年赶紧奔过去，扶起神医，神医却脸上一片痛苦之色，说："师父可能是腿折了。"少年一听吓坏了，赶紧背起神医往山下奔去。

回到神医家里，少年去药草架子上找续断。神医说："不用找了，今天上午来了个村民，师父都给他用上了。"少年忙说："那我明天上山去采。"

　　第二天，少年一早就上了山。这一次他没敢偷懒睡觉，而是一口气爬到山顶。山顶上一片狼藉，几株续断已经被雨冲断了。少年又奔到后山，终于看到对面山头有一片绿色。他吸了口气，往对面山上爬去。

　　对面的山路比这座山的路更加崎岖不平。刚爬了几十米，少年就疲累了。但是，他担心再下一场雨，到时候连对面山上的续断也会被冲烂。于是，他不敢迟疑，咬紧牙关继续爬。终于，他爬到了山顶，拔了几株续断。

　　有了续断，神医的伤也就很快好了起来。神医对少年的表现很满意，从此将胸中所学悉心传授。

　　20 年后，少年也成为一代名医。

不要畏惧

|感悟|

　　不要畏惧。当你畏惧困难时，它会比你强大，当你蔑视困难时，它会比你渺小。

　　山上住着一位智者，据说胸中所学包罗万象。有一天，一个外地少年前来拜师。少年一路跋山涉水、风尘仆仆地来到智者的门外，恭恭敬敬地说："先生在家吗？"智者开门走了出来，上下打量他，问："你是来找我的吗？"少年躬身一礼，说："久闻先生大名，晚辈前来拜见，希望能跟随左右。"智者摇摇头："年轻人，老朽隐居山上多年，已不准备收徒了，何况山中生活清苦，你小小年纪，如何忍受得了。"少年忙说："请先生放心，只要能得到您的学问，再大的苦晚辈都能吃。"

　　"哦，是吗？那我可要考验考验你。"说着，智者指着门前的一堆石头说："这样吧，我给你一个月的时间，如果你能把它们全部搬到屋后去，我就收下你。"少年看着堆积如山的石头，不禁苦笑道："先生，您这不是为难人吗？这么多石头，一个月怎么能搬完！"

　　智者说："那好吧，咱们换一种方式，你一天搬100块，如果能够坚持一个月，我就收下你。"少年看看那些石头，每块大小也就几十斤重，一天一百块的话也不算太难，于是答应

了。从这天开始，少年每天搬一百块。他辰时开始搬，到午时吃饭休息，未时继续，太阳还没有落山一百块石头就搬完了。少年虽然很累很辛苦，不过想想一个月后就可以成为智者的弟子，他就咬牙坚持了下来。

到第 28 天，少年就把石头全搬完了，他对智者说："先生，门前那堆石头全搬到屋后去了，还有两天，您要考验我什么呢？"智者说："你现在已经通过了考验。"少年欣喜地跳了起来，说："真的？太好了。"智者说："这些石头一共 2 800 块，你一天搬 100 块，所以只用 28 天就搬完了，但是你想过没有，为什么当初我让你一个月搬完，你不肯？"少年诺诺地说："我……我以为不可能搬完的。"智者说："当困难堆积在你面前时，你产生了畏惧心理。其实，困难再大，只要你有恒心坚持下来，一点一点，总能解决它，是不是？"智者的话令少年受益匪浅。之后，少年跟随智者潜心学习，多年之后，也成了一位知识渊博的人。

成功的选择

┤ 感 悟 ├

　　付出和成功是成正比的，比如学习、劳动、工作等等，它们和武功修炼一样，选择付出的方式不同，成功也就不同。

　　山下的镇上住着一位武学宗师。有一天，有三个少年一起前来拜师。

　　甲少年说："久闻先生武艺超群，愿拜在门下。"乙少年说："晚辈愚钝，愿跟随左右，随时受教。"丙少年吞吐一声，什么也没说出来。武学宗师问他："你怎么不说话？"丙少年讷讷地说："我就是想学点什么，好听的话一点也不会说。"

　　武学宗师说："我这里有三把钥匙，分别对应三道门，第一道门在山脚下，第二道门在山坡上，第三道门在山顶，里面各有一本秘籍，你们任取一本吧。"

　　甲少年手快，取了第一把钥匙，飞快地去了。乙少年慢了一步，毫不犹豫地拿走第二把钥匙。丙少年没得选择，便将第三把钥匙揣进了兜里。

　　三道门户内果然各有一本武功秘籍。第一道门户内的秘籍是一般的武功，江湖常见。甲少年马上修炼，只用了一年时间就学会了，然后他别师下山。由于甲少年武功平平，所以又用

了九年时间，才混到镖师的位子。

第二道门户内的武功秘籍是上乘的，比较难学。乙少年马上修炼，用了五年时间才练成，然后他别师下山。由于他武艺精湛，因此，只用了五年时间，就在江湖上扬名立万，成为人人称道的少年英雄。

第三道门户内的武功秘籍是一种绝学，极难练成。丙少年马上修炼，用了九年时间才参悟透彻，然后他别师下山。由于他武功卓绝，罕有对手，因此只用了一年时间，就成为与少林、武当等六大掌门齐名的大侠。

三把钥匙，三道门户，三种秘籍。一个在山脚下，一个在山坡上，一个在山顶。容易得到的，往往是最粗浅的，而最不易得到的，往往才是最高深的。甲少年修炼一年，却用了九年历练江湖，到头来也只不过混到镖师的份上；乙少年修炼五年，又用了五年闯荡江湖，才勉强混出个少年英雄的称号；丙少年修炼九年，仅用一年便名满天下。同样都是十年的时间，三个少年却因为选择修炼的时间不同，取得的成就也就截然不同。

成功的走势

┤感悟├

　　成功有一定的走势，那就是从辛酸到甘甜，从坎坷到平坦。如果谁经历了辛酸和坎坷，那么同时，他也获得了成功。

　　在一座山下，有几间竹屋，屋里住着一位智者。一天，有两个少年前来拜见。

　　这两个人一高一矮。高个子说："先生，听说您无所不能，懂得很多的人生道理，请问我做什么事可以成功？"智者微微一笑说："只要你肯坚持做下去，无论做什么事，都能成功的。"高个子"哦"了一声，他低头思索着智者的话。智者望向矮个子，问："你有什么要问的吗？"矮个子问："先生，我想问问怎么做才能成功？"智者笑了笑，说："那要看你怎么理解成功了。"矮个子茫然地看着智者。智者站了起来，走到窗口，朝外面的山峰看了一眼，说："打个比方，一个登山的人，如果他将自己的目标放在半山坡，他一口气爬到半山坡上，那么，他就已经成功了。但如果这个人一开始将自己的目光放在峰顶，那么，他即使爬过了半山坡，也不会满足。这和一些做生意的人一样，一个商家，如果他的目标只是一天赚一百块钱，那么，他赚到一百块钱就算成功了。但如果他的目标是三

百块钱，那么，即使他赚到二百块钱，也还不会满足。"

高个子和矮个子恍然大悟。

高个子说："先生果然是高人，请您点化一下我，我们想进入市体校，请问，我们可以成功吗？"智者说："这样吧，今天我先不给你们答案，你们明天再来吧，我会在山顶上等你们，来时不要走同一条路，具体怎么走，你们自己商量吧。"

高个子和矮个子一起下了山。

两人商议好了，第二天，高个子顺着山前的台阶上了山，而矮个子走的是山后的路。山前的路由于走的人多，相对顺畅许多，而山后简直没有路，坑坑洼洼的，而且到处是树根、荆棘，一不小心就会跌几个跟头。等矮个子爬到山顶时，高个子早就到了。高个子安然无恙，而矮个子衣服刮烂了多处，而且裸露在外面的皮肤有多处被划破了。高个子问智者："先生，现在您可以说了吧？"

智者摇摇头，微笑着说："明天吧，明天此时我一定会告诉你们答案，不过，明天你们上山时要换一下，今天从山前上来的，明天要爬山后，今天爬山后的明天要走山前。"

第三天一早，高个子和矮个子又出发了。

由于矮个子第二天爬的是山后，遭遇了重重困难，而第三天爬的是山前，因此，他感觉脚下轻松，心情愉快地上了山。高个子则不同，由于他第二天爬得相当容易，面对坑洼不平的后山时，就皱起了眉头，还没爬到半山就开始打退堂鼓了。结果，高个子下了山回家去了。

智者和矮个子在山顶上一直等到中午，不见高个子上来，智者便说："他不会来了。"矮个子忙说："先生，那您就告诉我吧。"智者微微一笑，说："还用我说吗，其实你们的表现就是成功与否的答案。"矮个子愕然。智者继续说："世间无论做什么事，都是先有苦才有甜，只有跨过重重困难后，才能走向成功。如同你先爬山后，再爬山前，很容易就到了山顶，这就是成功。而你的同伴，先经历了平坦的路，一旦遇到困难后就掉头而去了，所以，他是到不了山顶的，这样的人自然不会成功的。"

矮个子一听顿时明白了。他叩谢而去，果然，之后在体校里，矮个子能够忍受常人所不能忍受的艰苦。几年后，他在全市青年运动会上连夺男子 5 000 米、10 000 米和马拉松赛三块金牌。而高个子却毫无所获，连一项决赛也没有进过。

成功就在塔顶

| **感悟** |

　　每个登上塔顶的成功者，都是顺着一层层的台阶走上去的，而那些吝惜汗水的人，只能成为塔基的修行者。

　　寺里住着两个和尚，一老一小。小和尚今年13岁，他已经入寺3年了。每天，他除了扫塔，就是做功，日子过得单调不说，也很劳累。塔共有13层，一层层扫去，最少也要花费一个时辰。

　　这天，做完早课后，小和尚扛着扫帚进了塔。他从第一层扫起，一直扫到第三层，然后把扫帚往墙壁上一竖，就坐下来休息。小和尚便抱着膝盖想，师父也真怪，塔里很少来人，何必每天清扫一遍呢？累得自己腰酸腿疼胳膊麻，太不值得了。过了一会儿，小和尚站了起来，拿起扫帚上了四层。扫了没几下，小和尚偷眼往下瞧瞧，只见师父正盘膝坐在禅房里，并不曾注意过他。小和尚就躲在墙壁后睡了一觉，差不多到了往日结束劳动的时间，他才扛着扫帚下了塔。

　　来到禅房里，小和尚说："师父，塔扫完了。"老和尚微微一笑："很好，去做功课吧。"小和尚应了一声，回了自己的房间。他拿出《金刚经》，翻了几页，忽然想，既然劳动可以偷懒，功课为什么不能呢？想到这，小和尚闭着眼睛又睡了起来。

　　过了一段时间，老和尚检查小和尚的功课："徒儿，《金刚经》读通了吗？"小和尚说："师父，还没有。"老和尚说："去扫塔吧，扫完再回房里做功课。"小和尚应着出去了。

　　又过了一段时间，老和尚检查小和尚的功课："徒儿，《金刚经》读通了吗？"小和尚说："师父，还没有。"老和尚皱皱眉，说："怎么会呢？徒儿，最近扫塔时你是不是偷懒了？"小和尚大惊："师父，我……我……"老和尚正色说："出家人不打诳语。"小和尚只好说："我见没人上塔去，所以，只扫了下面几层。"老和尚摇摇头，说："从你读经的速度上，我已经看出来了，以后不许偷懒。"小和尚问："师父，我扫塔时偷懒，您怎么能从读经上看出来呢？"老和尚微笑着说："因为你不能忍受扫塔的劳累，也就不会忍受读经的枯燥，道理是一样的，徒儿，你来看，为什么塔顶会比塔基窄得多？"小和尚向塔望了一眼，说："是不是塔基宽了，塔就不容易倒塌啊。"老和尚点点头，又摇摇头。

　　小和尚问："师父，难道我说的不对吗？"老和尚说："对了一半，固然这是其中的一个道理，但还有一个道理你没有回答出来，为什么僧众万千，得正果者却没有几个？其实就像这座塔一样，修行的人都从塔基开始，但是，层次越高剩下的人越少，因为能够坚持攀登的人越来越少了。其实，扫塔和修行是一样的。"小和尚惭愧地低下头，从此，他潜心修行，不再偷懒，每天都把塔打扫得干干净净的。二十年之后，小和尚成了一位得道高僧。

人 生 与 梦 不 同

　　有一个男孩，读初三时迷恋上了网络游戏，而且已经达到了如醉如痴的地步。

　　男孩的父母在外地打工，他本来跟随祖父祖母住在乡下老家。后来，他对祖父祖母说："爷爷奶奶，我还是回县城住吧，初三课程多，时间紧。"祖父祖母本来不放心，又一想，孙子已经16岁了，也该学会独立生活了。因此，他们给远在外地的儿子、儿媳打了电话，儿子、儿媳虽然不同意，但考虑到儿子说的也是实情，所以就答应了。

　　之后，男孩就独自住在县城的家里。他的家离学校很近，只有两里路。一个人住难免孤独，因此，有时男孩就邀几个同学来作伴。有一天晚上，一个同学说："走吧，反正作业已经做完了，去玩会儿网络游戏。"男孩从未上过网吧，以前，父母不许他上。后来自初一开始住在乡下，放了学祖父便来接他，也没时间上。而这时，他感觉到还是自由好。男孩虽然没上过网，但这两年耳朵里没少听同学们议论，因此，网络游戏似乎早和他熟悉了。

男孩与同学来到网吧。本来，按照规定，网吧是不许未成年人上网的，但是规定归规定，很多网吧不会执行，因为执行等于是断了自己的财路。

男孩的领悟力很强，看来的确与网络游戏有缘，同学只教了他一遍，他就学会了。从此，闲来没事他就一个人去网吧。渐渐地，男孩上了瘾，放学的路上，脚不由自主地往网吧的方向去，晚上一玩一个通宵。因此，即使第二天去了学校，也是无精打采，常常趴在桌子上睡觉。

男孩的行为让老师很震惊，因为男孩以往的表现还不错，他的成绩一直排在前面。而最近成绩一落千丈，滑得太厉害了。

这天，男孩又趴在桌子上睡着了，老师走了过来，拍拍他的桌子。男孩睁开眼，吓了一大跳，慌忙站起来说："老师，对不起，我……" 老师说："你什么也不用解释，星期一让你家长来一趟吧。"

星期一，男孩把祖父叫来了。老师说："老先生，您的孩子最近学习实在太差劲了，上课没精神，作业经常完不成，有时还请假不来，我怀疑他可能患了网瘾。" 男孩的祖父问："啥叫网瘾？这病厉害吗？" 老师苦笑一下，说："怎么说呢，反正对您的孩子学习不好。" 祖父问："那对他的身体呢？" 老师说："应该也不好。" 祖父吓坏了，说："那我带他去医院检查一下吧。" 老师简直哭笑不得，只好说："这样吧，老先生，您能不能把您的儿子叫来？"

后来，老师与男孩父亲接通了电话，将男孩的表现说了一下。男孩的父母一听急坏了，丢下工作，双双赶了回来。从此，父母陪伴在儿子左右。母亲为儿子请了一位心理师，每天

在儿子身边进行心灵治疗。心理师对男孩说："网络是个虚幻的东西，像梦一样，而人生是现实的，与梦不同。你天天沉迷在网络里，它能给你什么？食物还是衣服？其实，它除了浪费你的金钱和时间外，什么都不能给你。当然，也许你会说，玩游戏时我很快乐，但是，你要知道这种快乐会带来以后的痛苦。你现在只图一时的快乐，如果不好好学习，没有一技之长，以后怎么生活？到时候，你别说吃饭穿衣，连上网玩游戏的钱也没有……"

通过母亲不停地劝告、督促，心理师的说教，儿子渐渐地戒了网瘾，回到正常学习的路子上来。初中毕业，儿子以优异的成绩考入市重点中学。

收回迈错的腿

> **感悟**
>
> 如果你不幸走错了方向，那么，一定要果断地收回双腿，越早一步收回来，损失越小，成功的概率也就越大。

有一个流浪的少年，一天，他在路上遇到一位僧人。少年福至心灵，上前揖首道："大师好。"僧人回了一礼，问道："小施主有事吗？"少年说："看大师法相庄严，一定是得道高僧，在下想请教一些人生的道理，不知可否指点一二？"僧人笑了笑，说："贫僧所知甚少，不敢妄言，不过，倒可将心中所知倾囊告知。"

少年说："大师，我自幼贫寒，已在江湖中流浪了好几年，直到现在还一无所有，不知我这样子以后能有什么出息？我会有所成就吗？"

僧人看看他，沉吟了一下，说："这样吧，贫僧就住在附近的山上，你明日午时可到山顶相会，到时，贫僧自可与你促膝交谈，倘若午时不至，贫僧也许就四处云游去了。"

第二天凌晨，少年便爬了起来，然后来到山脚下。山很高，远远看去，山顶隐没在云层之中，增添了几分神秘感。少年张望了一下，见前面有两条路，一条看上去非常顺畅，一条

崎岖不平。

少年想也未想，便朝顺畅的路走去，他一边走一边欣赏着两边的风景。

山势似乎越来越低，少年微微有些迟疑。怎么好像在往下走呢？但这念头只是一闪，少年便不再去想了，因为前面路上出现了一片果树。此时，正是果子成熟的季节，咬一口果子，便是一股甜蜜的汁液充满口腔。少年大喜，顿时把疲劳丢于脑后。又走一段路，突然传来水声。少年一惊，他快步跑上前去，见自己竟然走到了水边。

这时，少年才知道自己走错路了。他懊悔不已，赶紧往回赶，然后顺着另一条路走去。

另一条路果然是上山的路。等少年拖着酸麻的双腿爬上山顶时，早已过了午时。不过，僧人并未离去，而是一直坐在山顶等着他。少年惭愧地说："对不起，我来晚了。"僧人说："看来你走错路了吧？"少年点点头。僧人说："也难怪，另一条路上充满了诱惑，总是比这条路好走些。"少年脸一红，问道："大师，现在您还能解答我昨天的问题吗？"僧人说："那我就提醒你一句吧，不怕走错路，就怕不回头。"少年抱抱拳，说："多谢大师指教。"

从此，少年将僧人的话牢记于心，无论面对怎样的困难，也从不畏惧。几年后，他给一户人家看管山林，每天要跑几十里的山路，却从不喊累。10年后，那户人家南迁，将山林赠送给他，又过了10年，他成了附近三百里内最富有的人。

第四辑 机会篇

——靠左边上楼

机会不会上门来找，只有人去寻找机会。

——狄更斯（作家）

第 一 堂 课

| 感 悟 |

　　人生的经验不但在于个人经验的积累，有时候，也应向他人学习。一堂课或许会影响一个人的一生。

　　迈克从小就在父亲的小餐馆里帮忙，成年后，才开始了独立的生活。迈克在故乡的小镇待了半年后，决定到大城市发展。他先后在纽约、芝加哥的餐馆里打工，后来，留在了华盛顿莱特公司的一处分店里。迈克从小就养成了勤快的习惯，而且服务周到热情。

　　有一天，餐馆里来了一位特殊的顾客。之所以说他特殊，是因为他把餐馆当成了休息室。他进来后，就有服务生迎了过来，但是，他只是找了个靠窗的位置坐下来，望向外面的街道，既不点菜，也不要酒。外面风很大，行人衣襟飘飞，都低着头赶路。他的样子，像是进来躲避风沙的。过了一阵儿，餐馆经理让迈克把老人赶出去，因为这时候，老人已经将头靠在椅背上，眼皮低垂，似乎要睡去了。迈克走到他的面前，张张嘴又闭住了。看到老人安详地坐着，迈克实在不忍赶他出去。迈克回头对经理说："就让他再坐一会儿吧，也许他实在太累了。"经理瞪着眼睛说："迈克，你怎么能说出这样的话来？别

忘了我们都在给莱特总裁打工，影响到餐馆的收入，你负担得起吗？"迈克犹豫了一下，还是觉得无法对老人太绝情，于是对经理说："我能不能买下这个座位，餐馆的损失算我的？"经理啪地一拍桌子，说："你赶不赶？不赶就马上离开，你被解雇了。"迈克看看老人，就往外走，刚走到门边，老人突然睁开了眼睛，说："小伙子，你回来。"迈克心中高兴，以为老人自己要离开了。谁想，老人指着经理说："该离开的是他，不是你。"迈克愣了，经理也愣了。这时，老人站了起来，走到经理面前，掏出一个证件说："我就是莱特总裁，这里只不过是我的一处分店，从今天开始，你被解雇了，我马上通知人事总监，至于这里……"说着，他看看迈克，微笑着说："就由他来接替吧。"

经理说："我没想到您就是莱特先生，可是……只因为我得罪了您……就要把我解雇吗？"老人摇摇头，说："不，你得罪的是一位普通的顾客，你的服务态度让莱特公司形象受损。"经理说："可是，这位普通顾客并不是来用餐的，难道我为了维护餐馆的利益，把'他'赶走不对吗？"老人说："你见过哪家超市只允许买东西的顾客进入吗？"经理低下了头，不说话了。

迈克在餐馆里待了两年，就被调到总公司，提升为人事总监，成了莱特先生的得力助手。迈克的职责是为公司选拔和培训人才。有一次，公司新招了二十名员工，培训一个月后，将分别送往各分店。但是，迈克发现这些新员工普遍没有较高的服务意识，他想了想，第二天便带着他们回了故乡小镇。

走进父亲的小餐馆，迈克感慨万千。短短几年，他已成为一家大型连锁餐饮公司的人事总监，这一切像做梦一样，有时，一觉醒来连自己都不相信。所以，迈克并没有把自己的事告诉父亲，他知道，即使自己说了，父亲也不会相信。

父亲抬头看到迈克，高兴地说:"孩子，你回来的正好，快帮爸爸把桌子抹一遍。"说着，父亲坐下来，擦擦额头的汗，揉着自己的肩膀。迈克一声不吭地干起来，那二十名新员工走进来后就愣住了。父亲见一下子来了这么多客人，顿时把劳累丢在了脑后，忙招呼他们坐下，又对迈克说:"孩子，快给客人上茶。"迈克熟练地提起茶具，给每个人倒了一杯水。新员工们都坐不住了，慌忙站起来说:"总监，我们……"

迈克笑着说:"我虽然是你们的上司，却是在这里才给你们上第一堂招待课，今天，就让我来为你们演示一遍吧。"

新员工们认真地看着迈克的每一个动作，这堂课他们的受益比一个月的培训还多。

脚踏两条船

> **｜感悟｜**
>
> 　　人生需要一个固定的目标，只有认准了这个方向，迈步向前，才会有所收获。"脚踏两只船"，到头来，大多的结果是"竹篮打水——一场空"。

　　在天飞公司的五周年庆典上，公司老板郑重地将大红聘书递到了张正手里。经过 5 年努力，年仅 30 岁的张正，凭着对工作的认真负责，和对公司的忠诚，终于由一名普通员工，升为公司总经理。

　　5 年前，张正和同学罗凡一起走出校门，去人才市场上求职。在人才市场上，两份机电公司的招聘告示吸引了他们。一份是天瑞公司的，一份是飞达公司的。两大公司开出的薪酬相同，实力也差不多，两人便一起去近处的天瑞公司应聘。凭借超凡的知识和独特的见解，张正和罗凡都被录取，并与公司签订了 5 年合同。

　　一天，罗凡无意从报纸上看到飞达公司增加薪酬的告示，便和张正商量。罗凡认为凭两人的能力，应该去报酬更多的飞达公司发展。张正却认为，做人首先应该守信，既然与天瑞公司签订了合同，就应该把合同期做满。罗凡便自己去了。

　　面对飞达公司主考官的种种提问，罗凡对答如流，侃侃而谈。最后，主考官问他："你愿意放弃以前的公司，而选择飞达吗?"罗凡说："当然愿意，我之所以来应聘，就是感觉飞达公司的环境适合我的发展，何况，飞达公司的薪水比天瑞公司高。"主考官摇摇头说："对不起，我们不能录用你。"罗凡问："为什么?"主考官说："你很优秀，但我们不能录用一个'脚踏两船'的人。事实上，天瑞公司和飞达公司都是天飞公司的子公司。我们分别招聘的目的，是要看看在天瑞公司新招聘的员工，到底有多少人会被飞达公司的高薪吸引。你的做法是我们所不愿看到的。顺便告诉你，你同时也被天瑞公司辞退了。"

罗凡惭愧地低下头，他后悔没有听张正的劝告，因为当日张正曾认真地对他说："路虽然有千百，但只能走一条。人虽然有两条腿，却不能踏两条船。"

做自己的垫脚石

| 感悟 |

人生的路就像台阶一样，需要一级级攀上去。世上没有一块垫脚石能把你送到山顶，如果有的话，那就是将自己的付出踏在脚下。

唐生大学毕业后，在一家制剂公司打工。

和唐生一起进入公司的，还有他的同学宋书，一开始，他们都分在一线车间里。宋书是个机灵的小伙子，上班没多久，就和后勤部的常部长混熟了，一见面就亲切地喊"老表叔"。又过了不久，常部长把宋书要到自己身边，专门负责物品的采购和发放。

一天，宋书请唐生喝酒。唐生见他连工作装都不穿，西服革履的，而且红光满面，意气风发，忍不住问："以前怎么没听说你有个老表叔在公司里？" 宋书呵呵一笑，说："其实一点也不沾亲带故的，有一天我在街上遇到他，当时从背影看，真像我一位老表叔，我喊了声，等他回过头来，才发觉认错了人。不过，从那以后，我就故意叫他'老表叔'，他也喜欢听。"说着，上下瞧瞧唐生，问："车间的活儿还很累吗？"唐生点点头，说："每天都有几批产品任务，根本闲不下来。"宋书见唐生比以前黑了，也瘦了，就说："要不我给你在中间努力下，也调到后勤部来，怎么样?" 唐生动了心，低头想着。宋书笑笑，说:"你考虑一下，过几天再答复我就可以。"

第二天是周末，唐生回了老家。父亲在他七岁时就去世了，母亲又为他找了个后爸。不过，前几年，母亲也去世了，家里只剩下后爸一个人。后爸见唐生回来，给他洗了几个苹果，又问他工作的情况。唐生将自己的现状说了一下，然后望着脚尖发呆。后爸问:"是不是有新想法了?" 唐生点点头，说:"我有个同学，他和我一起进的公司，现在去了后勤部，比在车间轻松多了。" 后爸问:"是不是他的表现好被提拔了?" 唐生摇摇头，说:"他认了一个老表叔做事业上的垫脚石。" 后爸看看唐生，问:"你是不是也想踏着这块石头站起来?" 唐生点点头。

后爸望着桌子上的苹果，沉默了半晌，说:"我给你讲个故事吧……从前，有兄弟二人相依为命，一天，他们看到邻居家的树枝探了过来，上面结满了果子，可他俩都想摘几个吃，但是举着手够不到。老大想了个主意，他搬来一块石头垫在脚下，果然轻松地摘到了果子，却不许老二踏。老二只好跳起来，一次够不到，就跳两次，两次够不到，就跳三次……树上的果子越来越少，树枝越来越轻，而且，随着时间的推移，果树也越长越高。终于有一天，老大即便踏着石头也够不到了，而老二，由于不知不觉间练出了弹跳力，依然能摘到果子……"

听完这个故事，唐生知道自己该怎么做了。周一回到单位，唐生主动找到宋书，回绝了他的好意。

几年后，后勤部的常部长退了，宋书失去了垫脚石，被调回了车间，而一直辛勤工作的唐生，在竞聘大会上获得了好评，被推选为新的后勤部长。

和时间比赛

　　那天，我去一家新酒店应聘招待生。和我一起参加应聘的还有一人，叫叶飞，但我并没把他放在心上，因为我已经有了两年招待经验，而他，只是个刚毕业的学生。果然，经理看完我们的简历，对叶飞说："对不起，我们不能录用你。" 叶飞问："经理，难道我不够条件吗？" 经理说："那倒不是，只是因为你和他相比，显然处于弱势。" 说着，经理指指我。叶飞问："可是……我们还没有竞争，你又怎么知道我不如他呢？" 经理笑着说："说的也是，那好吧，我给你们一个公平竞争的机会，谁更优秀谁便留下吧。" 说着，经理拿出了笔试题。

　　我一看试卷就放宽了心，因为上面多是礼仪知识，根本就难不倒我，而叶飞紧皱着眉头，看来，正头疼呢。结果，叶飞只考了 53 分，而我的成绩是 96 分。

　　经理将两张试卷摆在叶飞的面前，问他："没办法，我们只有一个名额，而且招收条件很严格。"叶飞看着试卷说："我承认自己的专业知识不足，但我觉得理论不能说明什么，你能不能让我们比一下实践？我想，只有在招待客人时，才能分出谁高谁低。"

"可以，当然可以。"经理眼中一亮，马上安排我和叶飞同时去接待一桌客人。那桌客人是经理的朋友，即使照顾不周，也不会有太大的麻烦。

叶飞堆着一脸的微笑，给客人倒茶、斟酒，他的礼貌很足，只是缺乏宴席上的经验，比如酒水的倒法，菜的上法，因此客人觉得别扭，而我的表现近乎完美，简直无可挑剔。

等客人走后，经理遗憾地对叶飞说："你还有什么要说的吗？"叶飞看着餐桌上的酒菜说："经理，我要求加赛。"

经理问："你还想比什么？"

叶飞说："就比时间吧，我们俩都不离开这间包厢，两个小时后，你再来看结果吧。"

经理想了想，问我："你接受吗？"

我头一昂，说："接受，为了证实我是优秀的，任何挑战我都会接受。"

经理看看表，带上门出去了。叶飞静静地坐在椅子上，也不看我一眼。我看着他呆头呆脑的样子，觉得好笑，也懒得和他说话。时间在一分一秒地过去，我的肚子开始咕咕直叫，可是比赛规定又不能出这个包厢，看看叶飞，趴在桌子上似乎睡去了。我拿起一双筷子，端过几个菜吃起来。

两个小时后，经理推门走了进来，叶飞也抬起头来。

经理问："这段时间内，你们在比什么？"

我说："他什么也没和我比，他是个呆子，几乎睡了两个小时。"

叶飞突然哈哈大笑，指着桌子对我说："你输了，因为你没有忍受住饥饿，偷吃了本该客人食用的东西。"我手中的筷子"啪"地掉在了地上，这才想到自己犯了一个原则性的错误。

经理看看桌子上饭菜被动过，拍拍叶飞的肩，笑着说："做酒店招待员，一定要忍受住饭菜的诱惑，和时间比赛，你是胜利者。"

靠左边上楼

| 感悟 |

很多时候，人生的成功需要机会，而机会不能等着老天赐予，而要主动争取和创造。靠"左边"上楼，会比"右边"机会大得多。

在这座写字楼上，共有十几个单位，有报社、推销公司、广告公司、软件开发公司，也有驻地记者站等等。

他原是其中一家软件开发公司的小职员，在写字楼里埋头工作了5年，算得上一个中规中矩的人。

但是，从今年起，他突然一反常态，上楼的时候，竟然走在楼梯的左边。这种现象发生在公用写字楼上，很容易引起人们的非议，因为上楼和下楼都有其道，人们往往习惯于靠右边行走，这样，上楼的人不会阻拦到下楼的人，下楼的人也不会冲撞到上楼的人。

由于他一反常态的行为，所以经常和下楼的人碰个正着。渐渐地，他引起了很多人的注意，人们常把他的名字挂在嘴边上。于是，他成了整个写字楼的另类。

不久，推销公司的经理看中了他，把他挖了过去，任命为自己的助理。

他在经理助理的位置上干得得心应手，他另类的推销方式

给公司带来很大的效益。第一年，他在全国的个人销售额排行榜上排名第九位，列入十佳，得到了一辆轿车作为奖励；第二年，他的排名又上升了四位，进入了五强，得到了一套住宅作为奖励；第三年，他被聘到总公司去了。

后来，一位朋友问他成功的秘诀是什么？他笑着说，靠左边上楼。朋友不懂，疑惑地看着他。

他说："这是从国外一本叫《另类活着》的书上看到的，书中有这样一段话：'人习惯于按常理活着，所以他的工作就不容易出彩，如果你是个不安于现状的人，不妨尝试打破固守不变的常规，去作为另类活着。'于是，我大受启发，悟到只有主动和人面对面，才会获得机会，于是选择了靠左边上楼。这样一来，便经常能与那些单位的领导有个碰面，时间一长，就会给他们留下深刻的印象。终于，那天和推销公司经理撞了个满怀，他问我：'你为什么要靠左边上楼？'我说：'我在寻找机会，因为在右边上楼，不容易引起别人的注意。'于是，我成功地推销了自己。"

每个人都是一枚棋子

|感悟|

　　世上没有绝对无用的人，每个人都有其存在的价值。所谓知人善用，就是将员工像棋子一样，安放在合适的位置，让他们发挥出最大的作用。

　　在华盛顿海顿电器公司总裁贝托的办公桌上，放着一盘国际象棋，工作之余，他常常和助手们下几盘。有时，下得入神，会怠慢了前来洽谈业务的客商。不过，凡是和海顿公司打过交道的客商，都会理解贝托这一习惯。

　　在海顿公司，不但总裁贝托，几乎所有的管理者办公桌上都放着一盘象棋。工作时间下棋，在海顿公司是唯一不受制度约束的休闲方式。而且，公司选拔管理者的其中一条，就是依据象棋比赛的成绩。

　　为什么一个正规的公司会提倡在工作时间下象棋呢？带着这样的疑问，我采访了公司总裁贝托。由于语言交流的障碍，去的时候，我得到了华盛顿一家报社记者科尔的友情帮助。科尔学过汉语，充当了我和贝托的翻译。

　　一进总裁贝托的办公室，我一眼就看到了摆在办公桌上的象棋。科尔用英语和贝托说明了我的来意，贝托和我拥抱着，表示欢迎，然后指着象棋说着什么，我茫然地看着科尔。科尔

笑了，说:"总裁要和你下象棋。"我赶紧摇头，说自己不会下国际象棋。科尔将我的话翻译给贝托，贝托赠给我一本书。科尔告诉我，那是一本《象棋管理学》，是贝托所著。

由于时间有限和语言不通的关系，我只在贝托的办公室停留了半小时，便回到了宾馆。从科尔口中，我得知了《象棋管理学》的大概内容，那本书基本展示了贝托人才管理学的理念。就是把每个员工看作一枚棋子，让他们发挥应有的作用。书中有一个故事，讲述了贝托创业前期的情况。当时，贝托对于管理还是个门外汉，一天，有两个年轻人前来应聘，贝托给他们三个小时的时间，让他们往城外运送三件东西，第一件是一组电器零件，第二件是一套机箱，第三件是一辆运输车。

第一个人奔波了三趟，一趟用来运输电器零件，一趟用来运输机箱，一趟用来运输车辆。三趟下来用了近五个小时。而第二个人将电器零件装进机箱，将机箱抬上运输车，只跑了一趟就把任务完成了，自然节省了很多时间。

贝托认为第二个人思路灵活，适合业务推广，于是把他留了下来，而第一个人，想也没想就给拒绝了。当时，贝托的朋友、管理学专家迪斯也在场，他建议贝托留下第一个人，贝托没有同意。结果，第一个人去了另外一家电器公司，他工作沉稳执着，很快被老板重用，从而为公司的发展立下了汗马功劳。贝托觉察到自己用人的失误，于是去请教迪斯。迪斯摆上象棋，和贝托下了一盘，然后说，每个棋子，都有其不同的用途，第一个人虽然思路不如第二个人灵活，但是这样的人往往工作扎实、顽强，适合做一些攻难克艰的工作，所以并非无用之才。

贝托明白了，之后，他从象棋中探索着管理的路子，因人而用，逐渐将海顿公司打造成一流的电器公司。

　　牛，脚力缓慢，论奔跑不如马，但在耕种上却较马有优势。马，耐力不足，论耕种不如牛，但在奔跑上远胜于牛。

为对手鼓掌

┤感悟├

　　主动伸出你的手，为对手鼓掌的同时，也给自己打开了一扇合作的门。

　　詹姆斯是纽约一家电器公司的老总，由于接连几单生意成了泡影，那一阵，詹姆斯心情很是烦闷。

　　一天，詹姆斯在大街上散步，顺便想考察一下产品的消费群体情况。走到一家超市门外，看到门口上方的屏幕上，正播放着莱顿的产品洽谈会。莱顿是纽约五大电器公司的老总之一，詹姆斯的主要竞争对手。正是由于莱顿公司的迅速崛起，才使詹姆斯公司的前景越来越不乐观。詹姆斯冷冷一笑，决定破坏莱顿的业务洽谈会。

　　当詹姆斯走进莱顿公司搭设在大酒店的会场时，受到了酒店迎宾经理的热情问候。迎宾经理说："欢迎光临，看先生的神色，似乎是怀着怨恨而来，是不是曾来过酒店，我们哪里得罪了您，还请多提意见。"詹姆斯淡淡地说："我不是来给酒店提意见的。"迎宾经理指一指门厅上方的条幅，向他伸出手，微笑着说："那好，希望以后有与您合作的机会。"詹姆斯抬头看去，见门厅上方挂着一个条幅，上面写着："多一个朋友，多一条路。"他心里一动，改变了原先的想法。

这时，东道主莱顿刚刚介绍完产品，会场上响起一片掌声。詹姆斯找了个位置刚坐下，坐在主席台上的莱顿就看到了他，莱顿的脸色微微一变。有人惊呼道："那不是詹姆斯老板吗？看来今天的洽谈会有好戏看了。"一家报社的资深记者发现了新闻点，马上过来采访："请问詹姆斯老板，您对莱顿公司的产品质量有什么看法？"会场顿时静了下来，大家都望着詹姆斯。詹姆斯微微一笑，带头鼓掌，说："非常好，掌声怎么停了？我认为应该再热烈些才对。"他的话说完，会场上再次响起一片掌声。

洽谈会不久，莱顿便找到了詹姆斯，提出要合作一项新业务，共同探索电器的新市场。詹姆斯爽快地应了，一年后，新产品诞生了，莱顿和詹姆斯的公司获得了双赢。

别忽视细节

|感 悟|

人生路上，如果不能考虑到每一个细节，等待你的，只能是失败。

某单位要招聘一名内勤经理，信息发布后，前来应聘的人员竟有一百多，他们都是应届大学生，胸怀远大的志向。经过两轮常识性考核后，只剩下了5名应聘者。负责招聘的人力资源部经理将他们带到领导办公室。复考将由领导亲自主持，谁将是最后的"幸运者"呢？

5名应聘者都有些紧张，脑子里闪电般地回放看以往所学的知识，思考着如何应对领导的"刁难"。谁知半小时过去了，领导仍没有盘问他们，只是旁若无人地阅读手中的报纸。5名应聘者你看看我，我看看你，显然有些沉不住气。人力资源部经理等了一会儿，俯身对领导说："通过两轮测试的应聘者全来了。"领导这才抬起头来，向5人各看了一眼，点点头，对人力资源部经理说："他们能通过两关，可见都很优秀，是难得的人才，我要考虑一下是不是把他们全部留下来。你带他们去熟悉一下单位的办公环境，半小时后再把他们带过来吧。"说完，又向5位应聘者说："去吧，好好了解一下单位的管理，当然，在这半小时内你们可以先向家人报个喜。"

5 名应聘者被带入 5 间现代化办公室，他们看到室内电脑、电话、空调等设备，一应俱全，而且都摆放得有条不紊。5 名应聘者赞叹不已，这确实是一个规范化管理的单位。他们都为极可能成为该单位的一员而喜不自禁，相继抓起桌上的电话向家人和朋友报喜。报完喜后，有两名应聘者还打开了电脑，当然，他们没敢玩游戏，只是熟悉了一下单位的管理软件。

　　半小时后，人力资源部经理把他们带回领导办公室。让他们想不到的是，刚才的半小时也是领导暗布的一关。领导叹了一声，对 5 名应聘者说："最后一轮考核已经结束了，很遗憾，你们都不符合单位的要求。因为你们所应聘的岗位是内勤管理，而你们在向家人报喜时，竟没有一人去打走廊上的投币电话。"

谁 的 口 味 更 重 要

> **| 感 悟 |**
>
> 往往，我们总认为自己是在为老板做事，其实，老板只是我们的上司，而顾客才是我们的主宰。

那年，陶子从烹饪学校毕业后，去一家酒店求职。当时，和他一起求职的还有他的同学良子。

陶子和良子走进酒店时，老板正在大厅里用餐。听了他们的自我介绍后，老板放下筷子说："酒店只需要再招一名厨师，这样吧，我给你们一个公平竞争的机会，你们每人做一道菜，然后我会告诉你们谁将留下。"

陶子用心地看一眼老板面前的菜，其中有一盘鱼香肉丝吃得最多，而且，他刚才进来时看到老板筷子上夹的就是这道菜。

陶子揣测这道菜是老板喜欢的，于是，他对战胜良子充满了信心。陶子非常了解良子，在每次的烹饪比赛中，良子总是逊色于他，因为陶子善于动脑，他知道哪些菜才能迎合评委的口味。

接下来，他和良子站在加工台前，每人做了一道菜。陶子做的是鱼香肉丝，良子做的是清蒸鲤鱼。老板看了看陶子，又看了看良子，拿起筷子在每盘菜上各尝了一口，说："那么我宣布结果吧，陶子可以走了，良子留下。"

陶子愣了，良子也惊讶地看着老板。

老板望着他们说："陶子的菜迎合了我的口味，良子的菜迎合了大众的口味，而到底哪道菜才是酒店最喜欢的？答案当然是符合大众口味的。不要以为你们是来给我打工，事实上，你们是来为广大顾客服务的，如果只知道讨好老板，而不能服务于顾客，酒店又将如何发展？这就是我留下良子的理由。"

用心去听

┤感 悟├

往往，不是我们没有耳朵，而是失去了听觉。
只有用心去搭建沟通的桥梁，人与人之间才不会产
生距离。

A 市有家公司的老板是个急性子，他在听取部下汇报时，常常沉不住气，中间不断插述自己的话。

一次，老板让业务部、技术部和生产部的三个主管去 B 市考察一个项目，考察时间为两天。

在这两天内，老板至少打了十几次电话询问项目的考察情况。第一次打电话时，三位主管还在去 A 市的路上。接到电话，业务主管说："老板，我们还没到呢！等等吧。"

终于到了 A 市，老板又打来了电话，询问项目考察的情况。业务主管说："虽然到了 A 市，还没开展考察，再等等吧。"

车进了考察单位，对方派人出来迎接，刚在接待室坐下，业务主管的手机就响了。

回来后，业务主管代表三个部门，去向老板汇报考察情况。汇报刚开始，老板就打断了业务主管的话，问："项目考察结果怎么样？是可以开展合作？还是不可以？"业务主管

说:"此次考察虽然很紧张,但对考察单位的新项目了解得非常细致。"老板忙说:"那你们是怎么考察的,有没有把企业的管理情况考察进去?"业务主管说:"有这一项的,我们不但详细地了解了考察单位高层管理人员的情况,还分析了中层管理骨干力量。"刚说到这,老板插话说:"我不是经常和你们说嘛,对一个单位,要综合评价,只看管理是不行的,还有产品质量呢,是否过关?"业务主管说:"产品质量我们也详细地检查了,不但进行了产品化验,还看了有关部门开出的检验合格证等。"老板插话说:"只看产品质量也不行,还有技术含量呢?我是怎么和你们说的,现在市场竞争很厉害,如果技术开发研制跟不上,三年甚至一年之后,老产品就会被市场淘汰。"业务主管说:"技术问题我们也考察了,考察单位的技术力量很强大,研制计划也很科学。"业务主管刚说到这,又被老板打断了。老板说:"你们不要以为做到这些就够了,事实上企业的团队建设、经济效益和社会声誉也很重要,这些你们为什么不好好地考察?没有全面的考察,就不能提前下结论。"业务主管只好说:"老板,团队建设我们也看了,该企业很重视人力资源和工团建设,企业员工的操行和素质都较高。"老板说:"那么经济效益呢?社会声誉呢?"业务主管实在忍不下去了,说:"老板,您这么沉不住气,我怎么跟你汇报?"老板一听火了,拍着桌子说:"谁让你婆婆妈妈的,这叫什么汇报,半天说不出所以然来,出去,出去,让技术主管来汇报。"

于是,技术主管进来了。但是,技术主管的情况和业务主管差不多,他的汇报多次被老板打断,技术主管只好说:"老板,我是来听您训话的,还是来给您汇报工作的?"老板大怒,又把技术主管轰了出去。

生产主管进来后,就坐在老板对面的沙发上,一言不发。

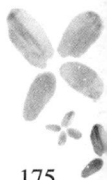

　　老板问："我是让你来汇报工作的，你怎么不说话？"生产主管说："说话总有先有后，您是老板，我自然要等您说完了，我再说。"老板说："我是让你来汇报工作的，你就说吧。"生产主管说："我知道，但我更知道你的话比我的还重要，所以，等您说完了我再汇报也不迟。"领导说："到底项目考察怎样？你们是怎么考察的？"生产主管说："等您讲完，我肯定要完整地汇报。"

　　老板催促生产主管："那你快说吧。"生产主管说："不，我怎么能跟老板抢着说话呢？我听业务主管和技术主管说了，他们汇报时，您不断给他们训话，我也想听，请老板先给我训话吧。不然我会像他们那样，被您轰出去的。"

　　老板终于意识到自己的缺点了，他用透明胶带封了自己的嘴巴，然后示意生产主管汇报。生产主管这才不慌不忙地汇报考察情况。汇报期间，老板多次要打断生产主管的话，但却有口难言，只好耐着性子，把想说的话都放在肚子里。生产主管的汇报条理清晰，分析科学，有理有据，听得老板频频点头。最后，老板撕下胶带，握着生产主管的手说："谢谢，今天我最大的收获倒不是项目合作，而是学会了用心去听。"

第五辑　心灵篇

——推开心灵的窗

要想散布阳光到别人心里，自己心里要先有阳光。

——罗曼·罗兰(作家、思想家)

种植善良

┤感悟├

　　善良需要种植，如果今天我们撒下一粒爱的种子，或许哪天就会收获整个春天的温暖。

　　在一次大地震中，有个六十岁的老妇在困了 196 小时之后被成功救出。和其他被成功救出者不同的是，这个老妇的获救，多亏两只义犬。

　　老妇是个信善的人，地震发生前，她正在附近的寺庙上香。地震一开始，老妇便摔倒在地，虽然只是受了轻伤，但被泥石流冲走了，后来夹在两块石头中间。由于附近的人已经撤离，所以老妇的呼声无人听到。然而就在这时，两只小狗出现了，它们发现了被困的老太太。它们不但没有离开，还不断地用舌头舔老妇的脸和嘴唇，让她汲取水分。就这样它们一直坚持了 8 天，直到老妇最终被搜救人员发现。

　　听起来很神奇，新闻媒体对这位六十岁老妇的报道遍地都是，网上的议论更是铺天盖地。许多人被小狗的义举所感动，也包括我。

　　后来，经记者采访得知，那两只小狗曾经被老妇喂养过。看到这样的报道后，我恍然大悟，原来这并不神奇，而是一场报恩的举动。

　　我曾去过一家警犬培训基地，该培训基地的队长姓何，经他调养的警犬个个"通人性"。我说起两只义犬的事后，何队长摸着一只警犬的嘴巴说，狗是人类的朋友，人和狗的相处，其实同人与人的交流没什么两样，人给予狗关爱，狗也会永远记着。

　　俗话说积德行善。我想，正是基于老妇以前给予过两只小狗恩惠，所以，在这次突发的灾难中，才有了两只小狗回报她这一真实故事。

抬起头生活

┤感 悟├

　　低着头生活，心情也会沉闷下去，只有抬起头来，才能感受到阳光，才能敞开心胸，道路才会顺畅。

　　有一天，我踢着石子走到一栋楼下，头顶突然传来一声清脆的问候。"早啊，叔叔！"我一抬头，看到一个女孩，十六七岁的样子，明亮的眼里洋溢着善意的微笑。

　　"早啊，小妹妹！"我随意应付了一句，便想离开。女孩却继续说道："叔叔，你有不愉快的事吗？我发现你经常低着头走路。"那一阵，我确实很郁闷，就是眼前这一栋栋高楼在折磨着我。这些年，我一直在努力工作，可是，努力了近二十年，仍买不起一套房，我能不郁闷吗？

　　在我居住的城市，十年前十万元可以买一套房，可是，那时我只有五万块钱。五年前，我已经拥有了十万元，买一套房却至少要十五万元。三年前，我攒够了十五万元，房价又上去了。我很郁闷，甚至很痛苦。看着一些朋友或同龄人先后住进了楼房，我觉得抬不起头来，无脸见人，也无心工作。但是，这样的郁闷我怎能和一个小孩子说。

　　我看看女孩，强笑了笑，说："没有，我很好。"女孩

说:"叔叔,你在撒谎,爸爸说撒谎不是好孩子,除非是善意的谎言。"我只好说:"这是大人的烦心事,小孩子是不明白的。"女孩说:"叔叔,只要你愿意,我可以做一个认真的听众。你会发觉,和小孩子聊天是很轻松的,也许你会忘记了烦恼。"

我坐在台阶上,端详着女孩。女孩双手叠放在栏杆上,做出认真听讲的样子。我只好将自己郁闷之事告诉女孩。女孩听后咯咯一笑,说:"叔叔,其实你现在很好啊,爸爸常说,你们这类人才是'自由身',而他们都是房奴。我虽然不太懂房奴的意思,却能够感觉到爸爸妈妈身上的压力。以前住平房时,他们经常陪我出去游玩,自从住进楼房,他们每天工作到很晚才回来,其实,他们还很羡慕像你这样的'自由身'呢。叔叔,你还烦恼什么,应该高兴地生活啊。"

小女孩的话像一缕清风,荡去了我心头的愁云。是啊,我虽然没有自己的房子,却是自由身,不必为住房问题透支自己的身体,不必为金钱不知疲倦地奔波,我为什么还要这么郁闷。

从此,我抬起头来,乐观地生活。

不久,我注册成立了一家室内装修公司。两年后,我成功地拥有了自己的房子。这段时间内,我已经得知女孩家根本就不是房奴,他的爸爸也曾像我这样郁闷过,但后来通过努力,攒足了买房的钱。女孩之所以那样说,是在用善意的谎言鼓励我,是想让我抬起头来生活。

我就住在女孩家对面。每天早上,我只要一开窗,便会看到她和她那张像阳光一样灿烂的笑脸。

心似一片海

┨ 感悟 ┠

　　海子说过面朝大海，春暖花开。其实，每个人
的心都似一片海，只要打开了它，世间所有的烦
恼、忧郁、悲伤、名利、贪婪……都会烟消云散。

　　我的邻居大林以前在印度尼西亚做过几年生意，由于家中
父母年迈，不得不回到国内。

　　大林回来后，在县城的市场上做海鲜生意，常常受到周围
小贩的排挤。大林却逆来顺受，无论他们怎么欺负他，他都是
一脸和善。由于我俩是邻居关系，所以常去光顾大林的店。大
林左边的海鲜店店主姓牛，是个三十来岁的青年，生得一脸横
肉。有一次，我去大林那里，发现姓牛的将店外的案子拉长，
堵在大林的店门口，让出入大林店内的顾客好不别扭。我走进
大林的店，悄悄问他："姓牛的欺人太甚，你为什么不生气？"
大林说："生气有什么用？生气不但会恶化邻里关系，影响到生
意，还可能伤害到自己的身心。所以，还是学会宽容吧，只有
宽容才能给自己带来福气。"

　　我记得大林小时候完全不是这样的性格，那时的他好斗，
根本不肯吃一点亏，现在，他居然有了一百八十度大转弯。然
而，我却不认同大林的行为，他可以顾虑邻里关系，但最起码

183

第五辑　心灵篇——推开心灵的窗

应该向市场管理委员会举报吧？不过想想，大林的话也确实在理，一个人，如果稍有看不顺眼的现象便动怒，到头来伤害的是谁？当然是他自己。

那天晚上，我担心大林的心情不好，等他关门后，就把他拉到一家酒馆里，边喝边聊了起来。但是，通过细心观察，我发觉大林真的内心一点也不生气。我知道大林性格的转变得益于其在印度尼西亚的这几年，便问他印度尼西亚有什么特点，大林说那里岛多。我再问他，印度尼西亚人有什么特点，他说他们都喜欢大海。我又问那里的夫妻有什么特点，他说他在岛上居住了几年，没有看到过一对夫妻发生争执，因为夫妻中的一方，无论谁烦闷了，气不顺了，便会自觉地去看海。

我不知道大海对于一个人心情会有什么样的影响，却油然而生看海的念头。

说来，我所居住的城市离东海只有一百多公里。于是，第二天我就坐车去看东海。车已经接近了东海，却听不到我想象中的惊涛怒吼声。我下了车，爬上一块岩石，海便在眼前了。我像一下子闯入了另一个世界，面前的海，仿佛一幅无边无际壮丽宁静的画卷，从碧蓝的天空下，一路铺过来。

望着宁静而深邃的大海，蓦然间，我的心胸便打开了。和大海相比，生活中一些琐碎的小事，同海鸥一样渺小。为什么大海可以历经千万年？因为她的胸怀比人的胸怀宽广千万倍。

心中的落叶

|感 悟|

　　树叶扫了又落，落了又扫，也正是这些重复的日子，串起了我们的生活。其实，人的内心何尝不需要常常打扫？每个人都应准备好一把扫帚，当你烦躁了、郁闷了，就扫一扫灵台上的尘埃吧！让心静下来，享受生活。

　　有一段时间，我觉得日子过得枯燥无味，在单位时无精打采，回到家后闷头便睡。一觉醒来，恍若不在尘世。走在街上，过往的行人、车辆以及一声又一声的鸣笛，仿佛都离我很远。

　　这一切的变化，或许与我的岗位有关吧。在单位，我负责整个办公楼区的环境绿化与卫生。办公楼前种了几排柳树，一到春天，缕缕柳条犹若裙带，点点翠绿缀满枝头，让我觉得神清气爽。但是，夏天一过，我的心情便逐渐烦乱起来。突然一场秋风，院子里落满了树叶，踩上去咯吱咯吱地如履心头，我的心情便更糟了。

　　我常会没来由地闹情绪，怒吼一声，将手中的扫帚朝天扔去。有几次，甚至找了一把斧子，想把那两排柳树砍倒在地。

　　一天，已经退休的老李和我谈起了心事。在我之前，是老

第五辑 心灵篇——推开心灵的窗

李负责办公楼区的环境绿化和卫生。老李说:"我看你这一阵的情绪有些不好,是不是?"我叹声说:"是啊,你瞧院子里这些落叶,前脚扫了,后脚还要落,今天扫了,明天还有,太让人腻烦了。"老李微微摇头,说:"你应该感谢它们才对。"我一愣:"感谢它们?"老李笑着说:"是啊,正是由于它们的存在,你才有了一份实实在在的工作。你想一下,如果没有这两排树和其他的花草,那么,你还有什么可做的?其实,我在你这个岁数时,也是心浮气躁,后来,有了满院的树木花草可以修剪,我每天都活得很充实。所以到现在,我一直感谢它们,感谢它们不但给了我一份工作,还让我找到了生活的乐趣。"

我默然半晌,随后恍然大悟。

为什么生气

| 感 悟 |

　　养生专家曾经告诫我们，生气伤肝。但是，很多人还是动不动就生气，甚至因为一些琐事暴跳如雷，等到他们身体因此而受到伤害时，才会追悔莫及。

　　在印度，有一个长寿村，村里百岁以上的老人有八十多个，而他们长寿的秘诀就是不生气。因为，只有不生气，才会快乐，只有快乐，才会长寿。

　　在我们身边，常常可见气急败坏、怒气冲天、气不打一处来的人。由于他们胸中充满了怒气，所以，就很少有快乐的时候。

　　生气有两个源头，一是因为本身的涵养不足，一是来自外界的刺激。譬如《三国演义》中的周瑜，就是个爱生气的人。他的气是因心胸狭窄而起，所以，最终被诸葛亮"三气"而死。当然，罗贯中是为了美化诸葛亮，才把周瑜的气量描绘得如此之小，事实上，历史上的周瑜是一个胸襟广阔的人。我认识一个人，也姓周，他的气则是受他人刺激而生。周某人兄弟四人，他是老大，自年轻时便在外工作，退休后，倍受兄弟们的欺凌。周某人本是一个普通的工人，月工资还不到一千元，

但是，他的兄弟们经常在父亲面前嚼舌头，说周某人怎么怎么富有，年迈的父亲信以为真，看病吃住，都由周某人一人承担。周某人为此天天生气，最后患癌症去世。

理智地想想，我们平常都在生谁的气？即使被人惹了、挑衅了、刺痛了，就该大发雷霆，怒不可遏，窝一肚子气吗？不能。因为我们的气越大，身体所受的伤害就越大。我们恼怒别人，反而给自己的身心带来损害，那又何苦呢？

《说岳全传》中有金兀术被牛皋骑在身上而被气死一段情节，可见，气是生不得的。生气是百病之源，气大伤身。从中医角度来看，生气至少对人有以下几大伤害：一是伤脑，生气时，气血上冲，会使脑血管的压力增加；二是伤神，生气时，心不能静，神则不宁；三是伤心，生气时，心脏供血不足，极易导致心肌缺氧；四是伤肺，生气时，呼吸急促，肺泡不停扩张，从而危及肺的健康；五是伤肝，生气时，可致肝气不畅、肝胆不和。

那么，如何才能做到不生气呢？一个字：爱。

无论对亲人，对朋友，对陌生人，都要常怀一颗爱心。当你心中时刻装满对别人的爱时，哪里还有生气的空间？

我们常常和身边的亲人生气，夫妻之间是，两代人之间也是，这往往闹得家庭不和。再理智地想想，一个人又能有几个亲人？那么，我们爱他们还怕不够，为什么要生气呢？

别忘了，我们生气时，不但伤害了亲人，也伤害了自己。

深呼吸

| 感 悟 |

　　深深地吸一口气，然后缓缓吐出，你会觉得，心胸顿时舒畅起来。无论是生活，还是学习，我们都要学会深呼吸，学会调节自己的心情。

　　我有一个女性朋友，性格内向，不善言语。她所在的单位有七个人，六个领导，而她是唯一的"兵"。

　　平常，单位的工作基本由她来做，这倒是小事，主要是六个领导将她指挥得团团转。因此她时常感到郁闷，又发泄不出。久而久之，她得了一种病。先是脊背疼，后来手脚疼，再后来，头也疼，同时，心脏出现有了早搏现象。

　　这位朋友去看了西医，说是植物性神经紊乱，又去看了中医的说法，说是肝气郁结。她信了中医。因为肝气郁结这四个字打动了她。她自己也认为身上的病是气郁而致。中医给她开了药方，一日一剂，连服半月，病情却并不见好转。

　　朋友再去看医生。医生询问了她的病情，又听她详述了单位的情况，然后断言："除非你离开单位，否则，今天气顺了，明天还会郁结。"

　　"那怎么办？"朋友问，"我不能失去工作。"她的确不想失去工作，虽然在单位每天都不舒心，还会生一些闷气，但那

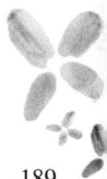

毕竟是个让人羡慕的部门，多少人做梦都想进去，她怎么能说退就退出来呢。但是，身体也是件大事。她今年35岁，一个女人，到了她这样的年龄，除了容貌外，更该注重健康。所以，她希望医生拿出一个两全的法子来，既不用辞掉工作，又能够恢复健康。显然，她不在乎医药费。

医生想了想，给她开了一个单子。单子上只有三个字：深呼吸。朋友眼里一片迷茫，她愣愣地看着医生，不知道这三个字的意思。医生叹道："我是个医生，虽然职责是治病救人，但也不能免俗。凡事总会先想到一个利字，总想给患者多开些药，可是你的病，如果不退出单位的话，是没有药能够治好的。"她说："我看出来了，这三个字不是常规的药。"医生点点头："这是我多年来的感悟所得，今天赠送给你吧。每当心情郁闷时，就找一个空旷的地方，全身放松，然后做深呼吸三次，那么，就可以不花一分钱治好你的病。"

之后，在工作中一旦心情郁闷时，朋友就按照医生的话去做，在办公楼前的草坪边，面花而立，放松身心，然后深呼吸三次。奇怪的是，做完以后便觉得心胸顿开，郁结立解。

人们生气时习惯说的一句话是：咽不下这口气。其实，这口气就是郁闷之气。咽不下，就会堵在心间，造成气血不通，心情不畅。最好的解决方式便是深呼吸。找一处环境优美的开阔之地，面花而立，两脚分开与肩同宽，面带微笑，全身放松。然后双臂抬起，随之慢慢吸气，吸气时，先使腹部膨胀，后使胸部膨胀，达到极限后，屏气几秒，双臂下沉，慢慢吐气。吐气时，先收缩胸部，再收缩腹部，尽量排出肺内气体。如此反复三次。深呼吸后，你就可大开心胸，释放郁气，达到恬淡舒泰的境界。

庄子曾曰："吹嘘呼吸，吐故纳新……为寿而已矣。"深呼吸应同于道家的吐纳功夫吧。只怕会有人要问，深呼吸真的这么神吗？佛典说：如人饮水，冷暖自知。

希望今后大家见了面便问一声：今天，你深呼吸了吗？

最美丽的人

∥感 悟∥

> 社会呼吁正能量，呼吁善心。善心不分大小，
> 出自真诚，就足够了。

记得在网上看到过一个有心人的帖子，标题是：最美丽
的人。

由于猎奇心理，我忍不住进去看了一下。里面有几幅照
片，照片上有一个女人，一个老人，女人的面目看不清楚。当
时，我心中便想，一个无法看清面容的女人，怎么会被冠以
"美丽"的美誉？可是，当我看了图下的文字注解后，终于明
白了。原来那是有心人抓拍的一幕。当时正值冬天，照片中的
老人偎在车站的一角，衣衫单薄，而照片中的女人恰好经过。
女人先是拿出一些钱，塞在老人手里，接着，又脱下自己身上
的羽绒服，给老人披上，然后悄然而去。看后，我心中一暖，
突然明白了帖子的意义。

有心人的帖子发出后，引起了热议，一些网友质疑，这是
一个精心设计的场面，其本意不外乎炒作。不然，为什么女人
在做这一切时，恰好被拍摄下来呢？帖子的作者，也就是那个
有心人出来声明：他是个业余摄影爱好者，他的本意就是要捕
捉一幕幕"爱"的镜头，让那个冬天多一些温暖。他做到了，

但是内心也不无失望，因为个别网友的回帖让他心凉。

的确，近些年来，一些商家、个人喜欢借网络、电视、报刊等媒体，极尽炒作之能，其目的无非就是为了抬高自己的身价。因此，当我们发现了一件善事后，会警觉地质问其背后的目的，如果是为了炒作，那么，其善便不是善。

这事从另一角度也说明了网友的清醒，毕竟，一些伪善的人曾经利用我们容易激动的心理，以达到他们的目的。但是，照片中将羽绒服送给老人的女人，她连自己的面目都没有留下，又怎么会是炒作呢？她匆匆而来，匆匆而去，仿佛城市中的一个过客，除了留给我们一个美丽的影子和一个温暖的画面外，我们还知道关于她的什么呢？

人间处处有真情。其实，我们不能因为一些人的伪善。就质疑身边的真爱。

几年前，在一次募捐活动中，我们发现了一笔三千元的款子，但是信封上没有留下地址，也没有留下姓名。在登记这笔捐款时，我们只好在捐款人那一栏里写下"无名女士"四个字。当时，也有人提出，这个不留名的人是要借机炒作，可是，试问，一个连姓名都没有留下的人，她又会如何炒作自己？如果这样的善也要受到质疑，那么，我们眼里还有多少善事？如果所有做善事的人都被我们质疑为炒作，那么，我们会刺痛多少行善之人的心？

到目前为止，我还不知道照片中女人的名字，也不知道"无名女士"是谁，但我却知道她们都是最美丽的人！